U0493139

“十三五”国家重点图书出版物出版规划
经典建筑理论书系
加州大学伯克利分校环境结构中心系列

俄勒冈实验

The Oregon Experiment

[美] C. 亚历山大
M. 西尔沃斯坦
S. 安格尔
D. 阿布拉姆斯
石川新
著
赵 冰 刘小虎 译

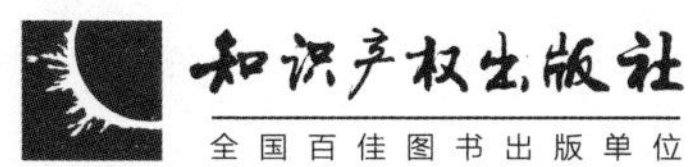

图书在版编目（CIP）数据

俄勒冈实验 /（美）C. 亚历山大等著；赵冰，刘小虎译. —北京：知识产权出版社，2019.10
（经典建筑理论书系）
书名原文：The Oregon Experiment
ISBN 978-7-5130-6261-9

Ⅰ. ①俄… Ⅱ. ①C… ②赵… ③刘… Ⅲ. ①高等学校—教育建筑—建筑设计—研究—美国 Ⅳ. ①TU244.3

中国版本图书馆 CIP 数据核字（2019）第 097854 号

责任编辑：李 潇 刘 翯　　**责任校对：**谷 洋
封面设计：红石榴文化 · 王英磊　　**责任印制：**刘译文

经典建筑理论书系

俄勒冈实验

The Oregon Experiment

［美］C. 亚历山大　M. 西尔沃斯坦　S. 安格尔　D. 阿布拉姆斯　石川新　著
赵　冰　刘小虎　译

出版发行：	知识产权出版社有限责任公司	**网　　址：**	http：//www. ipph. cn
社　　址：	北京市海淀区气象路 50 号院	**邮　　编：**	100081
责编电话：	010-82000860 转 8119	**责编邮箱：**	liuhe@cnipr.com
发行电话：	010-82000860 转 8101	**发行传真：**	010-82000893/82005070
印　　刷：	三河市国英印务有限公司	**经　　销：**	各大网络书店、新华书店及相关销售网点
开　　本：	880mm × 1230mm　1/32	**印　　张：**	4.625
版　　次：	2019 年 10 月第 1 版	**印　　次：**	2019 年 10 月第 1 次印刷
字　　数：	91 千字	**定　　价：**	49.00 元

ISBN 978-7-5130-6261-9

京权图字：01-2016-8196

关于作者

C. 亚历山大，美国建筑师协会颁发的最高研究勋章的获得者，是一位有实践经验的建筑师和营造师，加州大学伯克利分校建筑学院教授，环境结构中心的负责人。他同时也是《形式合成纲要》《林茨咖啡馆》及其他一些书籍的作者。石川新和 M. 西尔沃斯坦于 1967 年与亚历山大共同创建了环境结构中心。他们三个和本书的另外两名作者——S. 安格尔、D. 阿布拉姆斯，《建筑模式语言》的另外两名作者——M. 雅各布逊、I. 菲克斯达尔 - 金用了 8 年时间，创立了建筑模式语言，并在施工和社区规划中将其付诸实践。

在这十年中，《俄勒冈实验》也许最有可能成为一本永恒的杰作。

——R. 坎贝尔《波士顿全球报》

本书的核心观念是人们应当自行设计他们的房屋、街道和社区。这个观念可能会很激进（它暗示了对建筑行业激进的改变），但它来源于这样的观察：世界上大多数美好的地方都是由本地人而非建筑师建造的。

本书是俄勒冈大学的总体规划，并已由该大学付诸实施。同时，它显示出任何一个规模跟大学一样的社区或小城镇将如何由社区内所有成员亲自参与设计自己将来的生活环境。它是在实践中展示环境结构中心的理论的实例，用简单的细节、大量的例子来展示如何实现以下六个原则：有机秩序、参与、分片式发展、模式、诊断和协调。

《俄勒冈实验》是全面阐述建筑与规划新观点的系列丛书的第三卷。这套丛书旨在提供一种完整有效的方法，来替代我们目前对于建筑、建造和规划的看法，我们希望它能逐步取代当前的设计思想与实践。

第一卷 《建筑的永恒之道》

第二卷 《建筑模式语言》

第三卷 《俄勒冈实验》

第四卷 《住宅制造》

第五卷 《城市设计新理论》

环境结构中心

加州大学，伯克利分校

过程中的一瞬间

我们希望……建筑师和使用者通常的关系是：我们提出大量的问题……然后期待着规划师拿出图纸。但是图纸要不断地反馈，由规划师们渐渐地画出我们的想法……我们踏着泥泞冒着大雨去看基地……试着想象各个地方……主入口应当怎样放置，外观如何……我们看着那些想象出来的地方……预想那里会发生什么。慢慢地，我们开始一点一点地看到它……局部逐渐融合为整体……就像是规划师表达出了我们的想法；由我们渐渐控制问题。这一周令人非常兴奋。

此后，不同的人群加入这项工作中。秘书们为行政部门规划出了一个办公室的方案。每个人都画一张草图……然后选出最好的……财政秘书提出了方案……她说："这是我们想要的样子……"于是我们就把它放进去了……

J. 麦克马拉斯

俄勒冈大学音乐教授

1973 年 5 月，在旧金山 AIA

会议工作室与建筑师的谈话

目　录
CONTENTS

INTRODUCTION

导言

本书是俄勒冈大学的总体规划。同时，它界定了一种设计方式，只需稍做改动，就可以应用于世界上任何地方任何社区的总体规划。在一套描述全新的建筑和规划理念的丛书中，它是第三本。在这套丛书中它第一次通过详尽的细节解释了如何实现这一设计理念。从这种意义上来说，这本书描述了一个实验。如果实验成功，我们希望它成为全世界类似社区的设计范例。

俄勒冈大学有将近15000名学生和3300名教职员工（1973年），地处尤金郊区。尤金是一个拥有84000居民的小城。俄勒冈大学建立于19世纪中叶。自建立以来的大部分时期都只有几千名学生，直到近十年学生人数才超过10000名。该校这几年的快速发展造成了急速发展社区中出现的相当典型的危机，校园被包围在由政府尤其是技术机构提供资金建造的造价几百万美元的建筑群中。被这些入侵淹没的大学处在危急关头，急需一个总体规划来控制其发展，使校园环境变得跟早期一样合理、活泼、健康。我们劝说校方，只有使用一种全新的设计方法才能达到这种效果，校方同意使用这种新方法。

这个方法本身就是本丛书第一卷和第二卷所提出的理论的实践展示。

第一卷，《建筑的永恒之道》所描述的规划和建筑理论，实质上就是千百年来建成世界上大多数美丽的建筑和城镇的古老的前工业传统方式的现代后工业版本。

第二卷，《建筑模式语言》是设计和建筑的明确规程，规定了所有规模的模式，从一个区域的结构到窗上的钉子。应用此规程，即使非专业人士也可以为他们自己及其活动设计出生态适宜的环境。

第三卷，本书，是俄勒冈大学的总体规划，描述了将此理论应用于社区设计的实际方式。但是，必须首先声明，我们此次处理的是一个非常特殊的社区。跟大多数社区不同，它有一个单一的所有者（俄勒冈州）和单独而且集中的预算。社会上，这种情况不仅不同寻常，而且也与通向我们通常所说的建筑的永恒之道的思想截然相反。然而我们认为，即使是在如此限制的情况下，这种经过改善的建筑之道也是可行的。本书的作用除了作为俄勒冈大学的总体规划之外，还可以作为我们定义此过程的一个尝试。

这个过程可以在任何一个属于单一所有者或是有集中预算的社区完全实施。也就是说，这个过程可以应用于集体农场、医院、工业企业、农场、工厂、废除了私有财产观念的小村庄，以及政府为市民福利而设立的慈善机构等。

我们重申，我们并不认为这一类的机构是理想的实施环境。在下一本书中我们将描述在一个更为理想的街区或者社区中的实施过程。其中的成员拥有自己的房子、公共用地和厂房，而且并没有集中预算。本书中，我们所描述的过程使人们能在有集中预算的半理想的情况下关心自己身边的环境，并对自己的生活采取一定的控制措施。

在整本书中，我们对事件发生中所必须采取的实施步骤特别关注。尤其是，我们相信只有在遵循了以下六个原则的情况下，社区的建筑与规划过程才能产生一个符合人的需求的环境：(1) 有机秩序的原则；(2) 参与的原则；(3) 分片式发展的原则；(4) 模式的原则；(5) 诊断的原则；(6) 协调的原则。

我们推荐俄勒冈大学和其他任何有单一所有者和集中预算的机构和社区使用这六个原则来替代传统的总体规划和预算程序，向行政机构提供资料，以确保人们设计其空间的权力，发动民主的程序，以保证他们持久的灵活性。

为使其具体化，并使读者了解本书，我们将这六个原则略述如下：

1. 有机秩序的原则

规划和建筑由总体上可体现本地基本行为的过程引导。

2. 参与的原则

“建什么”和“怎样建”的决定权全部都应掌握在使用者手中。

3. 分片式发展的原则

每一预算阶段所进行的建设都应以小的项目为主。

4. 模式的原则

所有的设计和营造都在大家采用的被称作模式的规

划诸原则的指导下进行。

5. 诊断的原则

年度诊断会详细说明在社区历史中任何一个特定时刻，哪些空间是生机勃勃的而哪些是死气沉沉的。这种诊断将维持整体的健康。

6. 协调的原则

最后，调节使用者所提出的个体项目的投资计划，将保证整体组织秩序逐步呈现出来。

接下来的六章将更具体地定义这六个原则。如果你愿意，可以把每一章看作一场争论，争论在每个原则的详细阐述中达到高潮。在每一章中都会讨论这些原则，而这些原则被应用于作为俄勒冈大学总体规划师的我们所做的工作之中。我们的实例来自俄勒冈大学，我们的实施程序针对俄勒冈大学当前情况而做。我们曾经考虑将实施程序写得更具有通用性，但是最终我们决定，作为一本关于实践的书，它应该是更清晰的、更令人信服的，因为它根植于俄勒冈大学的特定细节。

任何一位读者都可以修改我们所写的这些原则，应用于他们自己的街区。最后，虽然所写的这些原则适用于独立所有者和集中预算的社区，但是我们相信针对非集中预算进行改进之后，任何一个追求类似人居效果或者组织效果的街区都可以遵循这些原则。从这个意义上说，我们相信这六项原则的核心是社会产生建筑永恒之道的任何过程的基础。

剑桥大学校园

CHAPTER Ⅰ. ORGANIC ORDER

第一章

有机秩序

20 世纪中叶，多数社区努力对环境采取负责的态度，这些社区采用或者倾向于采用被称为“总体规划”的规划策略手段，以控制社区中发生的建筑个体行为。在不同的国家，总体规划也被称为综合规划、发展规划或者结构规划。

总体规划采用不同的形式，但是有一点是相同的。它们包括一张对社区未来发展的描述图，预先说明不同区域可能的或者是必需的土地用途、功能、高度或者是其他建筑特点。

这些图和总体规划的目的是协调数以百计互不相关的建筑行为。总而言之，它们的目标是确保社区中多个建筑行为能在共同努力下逐渐形成一个整体，而不是仅仅制造出一个毫无关系的局部的混乱集合。

在这一章我们将提出，目前所设想的总体规划并不能创造出一个整体。总体规划可以创造总体但不能创造整体,可以创造总体秩序但不能创造有机秩序。简单说来，我们要讨论的是，即使真的可以保证协调个体建造行为而形成整体，基于未来蓝图的传统的总体规划也不可能完成这个任务。我们将会看到：传统的总体规划由于过于呆板而不能解决基本问题，也由于它带来了一系列其他的全新问题，对于管理造成混乱，更对人际关系造成破坏。

为了展开讨论，在某种程度上我们要重申在《建筑的永恒之道》中已经提出过的观点，但是我们现在要关注这些讨论中产生的实际问题。

我们从有机秩序这个概念开始讨论。每个人都知道，当今绝大多数的建筑环境缺乏自然的秩序。这种秩序在数个世纪之前的建筑中体现得尤为强烈。当环境的各个部分的需求和整体的需求达到完美平衡时，这种自然秩序或者说有机秩序就会浮现出来。在一个有机体的环境中，每个部分都是独特的，各个不同部分之间相互协调、浑然一体，没有一处被排除在外，从任何一个局部都可以辨认出这个整体。

剑桥大学是有机秩序的完美范例。该大学最美的特征之一就是各个学院（圣琼斯学院、三一学院、三一会堂、克莱尔学院、国王学院、彼德豪斯学院、皇后学院）在河流和城镇的主街道上的分布方式。每个学院是一个宿舍庭院系统，有面向街道的入口和朝向河流的开口，有跨过河流通向远处的草地的小桥，有自己的船库和沿河步行道。虽然每个学院重复同样的系统，但是它们各自都有独特的特征。每个庭院、入口、桥梁、船库和步行道都各不相同。所有学院的整体组织和每个学院的个性特征可能是剑桥最为引人入胜的部分。这是有机秩序的完美范例，在每一层面上保持完美平衡，同时每个部分和谐统一。

这种秩序来自何处？当然不是规划，剑桥不存在总体规划。但是这种规律性（即秩序）是博大精深的，不可能纯粹产生于偶然。某种因素，如互相关联的默契、文化背景的一致、解决常见问题的传统方法等，确保了人们即使分开工作，也仍然遵循着同样的工作原则。其结果是不管局部如何独特和个性化，整体总是遵循内在的秩序。

今天，这是一种失传的艺术——一种应该存在于特定局部的重要性与环境整体的一致性之间的微妙平衡，当今的增长和发展过程看来绝不会安排产生这种微妙的平衡，或此或彼总是一方处于控制地位。

在一些情形中，局部处于控制地位，而整体失去控制。例如，加州大学伯克利分校就是这种情况。曾经美丽的校园如今变成了一堆杂乱无章的建筑群。每幢建筑互不相同，每幢建筑都存在自身的局部问题。这些建筑没有形成整体。从校园的整体来看，其功能被削弱：道路系统拥挤不堪，通行犹如迷宫。

伯克利：局部甚于整体

在另一些情形中，整体建设得到控制，局部失去了完整性。这种情况就出现在伊利诺伊大学芝加哥分校。在建筑师们的构思中，学校是个整体，秩序受到建筑观念的极权主义影响，完全淹没了特定地点或者特定建筑群的需求。建筑内房间的功能被削弱：外形武断、没有窗子等不胜枚举。整体存在秩序，但是局部不可能有秩序。

芝加哥分校：整体束缚了局部

我们定义的有机秩序是：在局部需求和整体需求达到完美平衡时获得的秩序。

剑桥大学是一个美妙的地方，因为它的有机整体环境正好符合这个定义。然而今天我们不再把握得住修建剑桥大学的过程。传统已逝，问题层出不穷，文化认同消失了。创造有机秩序不能再依赖以传统方式实现的个体的建设行为。在绝望中，关心环境的人们开始相信，环境必须超前规划许多年，才能获得在早期自然而然形成的秩序。

事实上，现代社区确实需要一个规划，或者某种规划过程。否则，分片的行为逐渐累积，将造成大量的机体破坏、关系扭曲、良机丧失。没有俄勒冈大学的规划，我们用什么来保证轻松自如地走在最终出现的道路系统上呢？怎样才能确保停车区的分布能够满足当前需求呢？而且无序的发展怎样才不会逐渐破坏威廉米特河岸及其内在的美呢？怎样才能保证在院系增长时产生一个具有相同兴趣和功能的建筑，而不是无序扩张呢？

简单说来就是不经规划的增长很容易造成局部间失去协调及整体混乱。在今天这种支离破碎的景象中，我们不能再依靠无规划的零散的建造活动来创造有机秩序。没有某种形式的规划过程，俄勒冈大学就绝对不可能像剑桥大学那样拥有如此深刻而和谐的秩序。

总体规划是解决这个难题的传统方式。总体规划试图制定足够的指导方针，使这些方针既能够为环境作为一个整体提供一致性，又为特定的建筑和开放空间提供自由度以适应当地需求。几乎每一个规模巨大的校园都采用了某种形式的总体规划，俄勒冈大学在这些年里也做了许多。

我们从细节上来研究这个观念。一个大学校园的总体规划基本上就是一张图，这张图描绘了一个相当遥远的未来——20 年以后——大学校园应该是什么模样。图纸内容包括两种元素，一种是已经存在而且规划者认为必须保留的，另一种是不存在但是必须建造的。这份图纸将未来的大学校园作为一个整体呈现出来，因此在图纸上保证公寓、教室、道路、停车场及开放空间以一致的风格相互关联起来是相当容易的。

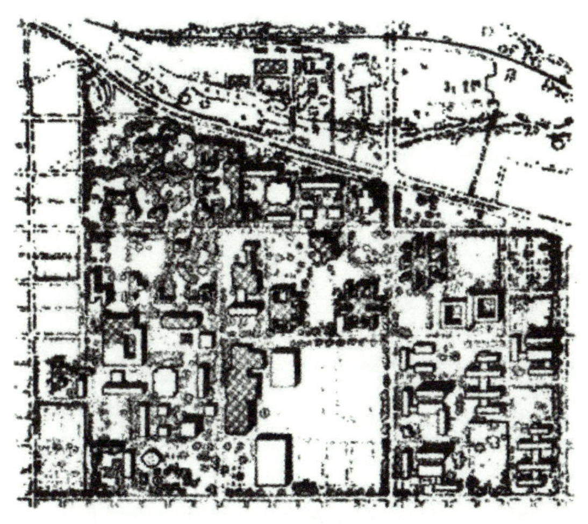

现存的建筑

新建的建筑

传统的总体规划，俄勒冈大学，1961年

至少从理论上说，实施这样一个规划只需要按照图纸上预先设定的土地用途简单地填空就可以。如果忠实地执行规划，在预定的若干年以后建成的校园将和总体规划的理想蓝图相一致。未来校园的所有部分将形成相互关联的整体，因为它们只是被简单地插入设计好的凹槽当中。

这种方法从理论上说好像是切合实际的。但是在实践中总体规划总是失败的，因为它们创造的是极权秩序而不是有机秩序。它们过于僵化，不容易适应社区生活中不可避免要发生的自然而不可预知的变化。当社区情绪、政策、时机发生变化时，建设者不再遵循变得陈旧了的总体规划。即使遵循了总体规划，也丝毫不能确保每幢建筑与周围保持合理的人性化关系。它们没有详细说明建筑、人口规模、和谐的功能等之间的联系，以协助每个局部的建设和设计与环境整体紧密相关。

在效果上，这两种失败是一枚硬币的两面。预先确定 20 年以后的环境状况而后驾驭着零碎的发展过程向那个虚构世界进发，在今天这是完全不可能的。

只有在极权主义的白日梦中才可能实现这样的过程。驾驭这种过程的尝试就像是在儿童图画书上填色，儿童根据不同部分标注的数字在事先绘制的外形轮廓中填上颜色。即使在最好的情况下，这样的过程产生的结果也是平凡的。

我们举两个尤金校区的例子来说明这些问题。一是僵化的问题。俄勒冈大学 1961 年采纳了一个总体规划。规划显示将拆掉校园南面美丽的老拓荒者公墓，并在规划中展示了公墓所在地将建立的建筑。一个“挽救公墓”的组织应运而生，他们的努力成功了。校方同意将公墓作为历史性地标保护起来，但是其结果是显然在公墓中修建建筑的总体规划动摇了。围绕公墓区域的建筑规模和建筑密度与根据拟议中建成的公墓紧密相关。校园整个西南区包括了一栋计划中的行为科学综合楼，它是根据与拟议中建成的公墓关系进行规划的，一旦学校明确了不再准备在公墓中进行修建，这种关系就成了悬念，整个区域需要重新规划。规划中建于公墓的建筑需要另行安置，也许校园的建筑密度要进行更改。正确实施这些修改就有必要做一次全新的总体规划。但是当然没有进行新规划，因为既没有资金也没有精力来进行这项工作。至于保留下来的规划，显而易见它太僵化了。它无法自如地适应社区现实的变化。从这个意义上说，每个总体规划会变得越来越不真实，直到人们无法从中获知任何有用的东西而最终彻底地将它遗弃。

现在我们来看看总体规划得到执行的实例。作为 1962 年城市更新项目的一部分，根据区域总体规划确定了校园东侧的三幢宿舍楼的地点。

规划显示了宿舍楼在校园东侧的具体位置。规划蓝图看上去秩序井然。事实上，宿舍楼或多或少是按照规划建造的。但是今天来看这些宿舍楼，每一幢的几何形状都粗劣武断，一幢形如风车，一幢是双十字形，还有一幢围合成院子。它们缺乏所有细节的微妙，而这些细节能使建筑更为舒适和人性化。

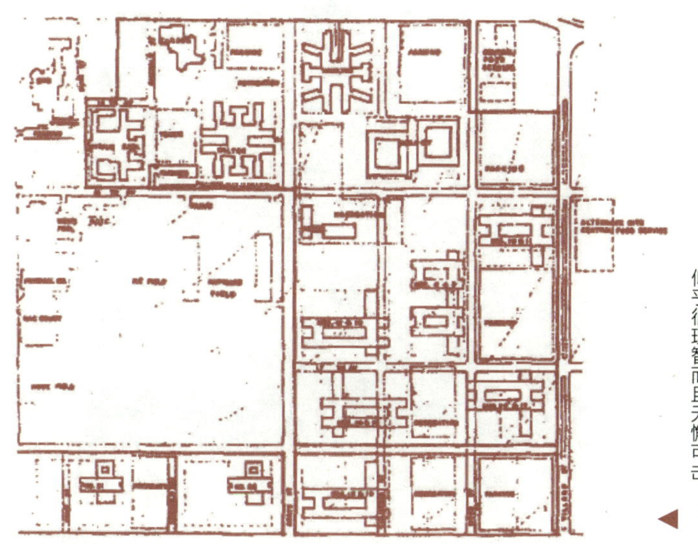

◀ 住宅区总体规划——这个规划蓝图似乎很理智而且无懈可击……

如果空间的舒适和人性化得以实现，那么必须在建筑和开敞空间之间保持的一些基本关系就会消失。这个总体规划与建筑群及其构成的区域毫无关系。按照规划填入凹槽的建筑似乎可以有任意外形。同一家族的功能性成员没有建筑应共有的所必需的关系。当然，它也不可能明确这种关系。如果在总体规划中体现出太多的建筑细节，表示出微妙的局部关系，那么在单体建筑进行建造时规划就缺乏足够的灵活性。

建筑建成后与周围环境不相称

因此作为有机秩序的来源，总体规划过于精确同时又不够精确。总体过于精确，细节不够精确。该规划之所以失败，是因为每个局部是以整体的思路来规划的，但是随着时间推移不可避免要发生意外，而规划又依然保持原有秩序，不能对所发生的变化作出反应。其失败的原因还在于过于僵化的结果无法对建筑周围非常重要的细节提供指导。但如果设计了细节，这些细节又会刻板得可笑。

总体规划还有另外两个不健康的特征：

第一点，总体规划的存在疏远了使用者——在这个例子中就是学生、教员和职员。更准确地说，总体规划的存在意味着社区成员对自己社区未来形态的影响微乎其微，因为绝大部分重要决定已经完成了。在某种意义上说，在总体规划下生活的人们只能影响琐碎的细节，未来毫无希望。当人们对他们所居住的环境失去了责任感，并且认为他们只不过是别人机器上的齿轮，他们怎么可能对社区产生认同感和成就感呢？

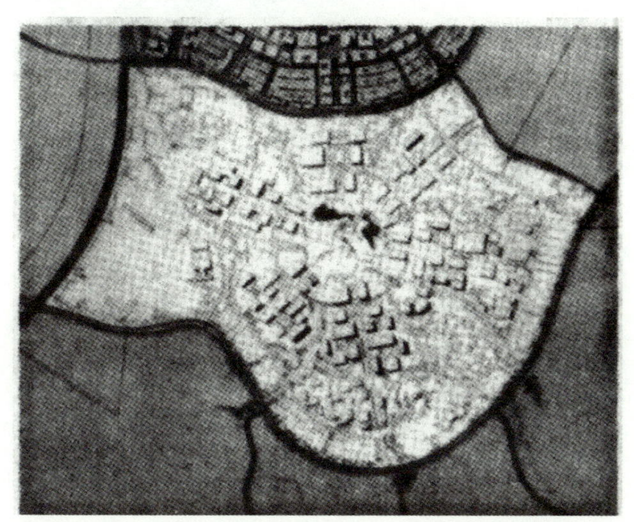

加利福尼亚大学尤金校区，社区居民会认可这个总体规划吗？

第二点，无论是使用者还是关键问题的决策者都无法想象出总体规划实施以后的情景。例如，瑞典高森堡城最近采用了一个总体规划。规划采用后，社会学家采访了参与投票表决的各位立法者，发现他们绝大多数基本不理解这个规划，有些人甚至看不懂规划图。

如果人们研究总体规划以后不能理解其中的建筑与人的关系，那么依靠这个规划指导未来的发展绝对是危险和愚蠢的。不管使用什么样的工具来指导建设发展，人们应该可以从建筑和人的关系以及他们日常经验的角度来理解这个工具。

典型的总体规划，你能理解这里将发生什么吗？

概括来说，我们不推荐俄勒冈大学或者任何其他社区采用传统的总体规划。我们相信总体规划不能协调多年的建设而形成整体的有机秩序。我们也相信传统的总体规划对社区有危险的副作用——它无法消除环境和使用者之间的不和。

改善这种状况需要采取的第一个步骤由如下原则表述。

有机秩序的原则：由局部行为逐渐形成整体的过程指导规划和建设。为达到这个结果，社区不应该采用任何物质形态的总体规划，而要用本书所描述的过程取而代之。该过程最基本的实质是允许社区使用公共的模式语言而不是固定的未来蓝图来描绘自身的秩序。这个过程应该由少于10个成员的单独的规划管理委员会代表社区来管理，委员会成员中使用者和管理者各占一半，还包括一个规划指导员；每2000人口为规划指导员配备一个助手，以指导社区的规划活动。

更精确地说，这个原则包含以下细节：

（i）社区不应该采用任何物质形态的总体规划，而要用本书所描述的过程取而代之。

总体规划的思路是向环境灌输秩序的尝试。排除规划并不是提倡混乱，而是为了克服这种方法的内在困难：未来需求和资源的不可预见性；规划不可预见的区域内细微关系的缺失；规划对使用者需求持续变化的迟钝反应；以及规划作为管理策略其疏离现实的本质。

我们希望用增长的过程来代替这种规划环境的方法：这一过程有详尽的说明，社区可以逐条采纳；规划不依赖于事先安排的未来蓝图，取而代之以数千个局部项目，这些项目直接是感觉和需要的结合。

本书中详尽说明的原则定义了这个过程。共有六条主要原则，每条原则关联着一些从属原则。从属原则既可以原封不动地照搬，也可以根据当地情况做适当修正以后采纳。这意味着整个过程不仅适用于俄勒冈大学，稍事修改后也可以被其他情况近似的社区采用。

（ii）**该过程最基本的实质是允许社区使用公共的模式语言，而不是固定的未来蓝图来描绘自身的秩序。**

这个论点在本套丛书的前两卷——《建筑的永恒之道》和《建筑模式语言》中已经充分论证过了，也是以下几个论点的基石。

第四章中我们将讲解如何把当前过程和已经出版的模式语言联系起来。在此我们只是希望澄清：我们所说的用于取代物质形态的总体规划的过程，不仅仅是一个克服总体规划缺陷的美好愿望。实际上是我们正在用过程来取代物质形态的总体规划，因为过程中需要的工具和理论都已经准备完毕。

（iii）**这个过程应该由少于10个成员的单独的规划管理委员会代表社区来管理，管理委员会成员中使用者和管理者各占一半，还包括一个规划指导员。**

预先构思的总体规划与集权集团掌控和执行的项目将会给社区带来相同的破坏。总体规划不能产生有机秩序是因为它对社区各个部分内在的各种微妙阻力感觉迟钝。同样的问题在一个小集团掌握太多的权力或者完全控制社区中项目的启动和执行的情形中也会出现。

一个管理者要对社区中产生的大量极其复杂的问题做决策，不可能抽出时间来深入研究每个问题。无论他多么有远见或者他的出发点有多好，他必然迫于工作的压力根据一成不变的死板观念来做决定。如此一来，他所做的决定不可避免地将受到他自己的观念和他自己的性格的极大影响，而不是从成千上万实际工作中的现实情况出发。

在这样的情况下建造的建筑不可避免地会反映出这些僵死的观念。这种建筑和基于总体规划的建筑一样，无法适应生气勃勃的社区中种种起作用的微妙影响力。

为了克服任何权力过于集中的系统的天生缺陷，首先要做到所有项目应该由使用者而不是管理层启动。这一点在第二章中将详细讨论。但是即便项目由使用者启动的过程取代了集中式的决定权，管理和驾驭的严重问题依然存在。一个巨大社区中出现的多个单体项目必须采取适当的协调行动。这种协调行动应该采用什么样的形式才能使得机体增长达到平衡?

目前俄勒冈大学由三个不同的机构来操纵这个驾驭过程。一个是高层管理者组成的小机构，这个机构协助校长决定最终预算和计划；另一个是18人组成的使用者委员会，被称为校园规划委员会，他们为高层管理者提供建议；再一个是完全独立的校园规划助理团，向高层管理者汇报，同时作为校园规划委员会的助手。

在这三个机构中，校园规划委员会扮演中心角色。在今天，如果三者之一负责“规划过程”，那么负责者应该是这个委员会。然而我们认为，目前三个负责的分支机构的工作与有机规划过程的需求背道而驰。我们建议将三个机构合并成一个执行规划管理委员会，以强化校园规划委员会，三个机构的权力集中到管理委员会，允许他们全权负责管理和驾驭规划过程。

使用者是校园规划委员会的主要力量。委员会中有 9 个学生、5 个教员和 4 个管理者，因此强烈偏重于使用者。使用者的重要性不在于他们在任何官方的行政意义上代表学校成员，而在于他们为自己说话。作为普通人，他们所做的评论和决定是基于自己日常的经验；从他们的职位来说，他们的决定不必受制于计划和金钱的抽象概念。

但是目前的校园规划委员会过于偏重使用者，而且他们与管理者几乎没有紧密的工作联系。虽然委员会中的确有四个高级管理人员的职位，但是这些职位的设立更多是出于礼貌。

管理者过多，以至于他们在委员会中不可能执行预期的行动。相反，他们认为在委员会中任职只是一种联络方式和信息来源，由于职位的性质，他们被迫私自做出重要决定，而不是在委员会中进行商议。没有人能责备他们。从管理者的角度来说，委员会对于重大决策显得过于笨拙。

这极大削弱了委员会的作用。他们做出的决定没有涉及最重要的问题，这些问题恰恰是管理者需要解决的。其结果是，委员会所做的建议仅仅只能作为信息提供给管理者。

显然，委员会的使用者导向功能与高层管理人员的执行权力结合起来将更得力。这样的话，委员会更有机会推敲和完善平衡的决定。只有在委员会的组成中使用者和管理者成员数量基本相等的情况下，而且委员会足够精干、适于做决策时，这种情况才会发生。

从这个意义上说，目前的校园规划委员会过于庞大。因为决议过于分散，疑难问题很难得到充分讨论。委员会每个月只进行几个小时的会议，这个18个成员的委员会做不了任何事情。我们建议规划管理委员会应有7个、至多9个成员。从人们的日常经验出发，在不授权给分支委员会做决定的情况下，7个人是可以一起做决定的上限人数。我们认为他们必须被任命为“管理委员会”——一个比目前的委员会承担更大责任的机构，而不是普通的“委员会”。

我们也认为规划指导员同样应该是规划管理委员会的一员，通常他比任何一个人对计划的进程有更为详尽的了解；而且最重要的是，他或者他的助手将直接接触使用者团体，他将处在一个良好的立场去解释使用者案例，讨论其优缺点。但是我们建议，为了避免任何有可能产生的利益冲突，当规划指导员成为管理委员会的一员时，他不应该是有表决权的成员。

我们建议具备所有这些特征的规划管理委员会可以有7个成员，包括2个学生、2个教员，其中一个来自管理层，两个是高层管理员，一个是规划指导员。

（iv）**每2000人口为规划指导员配备一个助手，以指导社区的规划活动。**

规划委员会能够管理计划的进程，但是他们不可能关注整个过程需要的所有日常工作——特别是正如我们将看到的，过程中项目启动的决定权必须分散地移交到当地居民的手中。这个过程中规划指导员需要助手的帮助。至关重要的是助手要足够多。在最近三年，俄勒冈大学规划专职人员的全职职位从 3.5 个减少到 2.5 个，而后减少到 2 个。使用这么少的助手进行卓有成效的工作几乎是不可能的。

当整个过程运行成效显著时，我们估计尤金校区——一个有大约 20000 人的社区——每年大约产生 60 个项目。从模式语言和使用者团体的经验得知，每个人每年在推动旧项目的同时能够处理 6 个新项目。按照这个比例，一个每年能产生 60 个新项目的社区需要 10 个全职的助手。我们并不期待学校能够负担 10 个全职的专职人员的薪水，然而我们相信职员数能够接近这个数字。首先，至少有一半的职员可以是准专业或者非专业人士或实习生，他们掌握足够的技术，可以共同实现这个过程的各项功能。在俄勒冈大学，建筑与规划专业的学生能够以这种方式发挥作用。经历过这种过程的非专业人士也可以为其他的项目提供帮助。其次，正如我们将看到的，由于这个过程替代了建筑项目的示意性设计阶段，有些通常用于支付给专业建筑师的资金就能用来增加新的职员。

助手可以包括规划师、建筑师、建造者或者其他有维护经验或社区规划经验等的专业人士。社区中其他类似的专业人士——在俄勒冈大学是校园内的建筑师和校厂管理者等——也应该是这个助手团的成员，由规划指导员来协调他们的工作。选择助手团不同成员的条件不是现在人们知道的专业分工，而只需要所有的助手团成员都能理解本书所描述的规划过程，都具有规划过程的工作经验；最主要的是他们能和使用者团体轻松地一起工作，他们不会滥用驾驭设计工作的权力，也不会把一个武断的命令强加给使用者。我们建议把这个系列的第一本书——《建筑的永恒之道》——作为助手团的工作手册，它将有助于我们找到适当的、直接导向本土化设计的方法。

CHAPTER Ⅱ. PARTICIPATION

第二章

参与

只有使用者能够引导社区的有机发展过程，他们最清楚自己需要什么，以及房间、楼宇、道路和开放空间是否安排得当。因此，我们由俄勒冈大学尤金校区的人——学生和教职员工——开始设计工作。

无论建筑师或规划师如何仔细地规划或设计，他们自己不可能创造出丰富多彩的环境和我们所遵循的秩序。一个有机结合的社区只有通过整个社区的行为才能够形成，这样的行为中每个人都协助完成他们所最了解的那部分环境。

此观点在《建筑的永恒之道》一书中已得到充分阐述。在此我们将总结此观点，但是本书最关注的还是那些与实用性有关的问题。这样可行吗？学生和教职员工有足够的时间参与设计吗？在实际安排当中，这样的建筑师即使用者，是否能够真实地表达出他们的观点，而这些观点又不会被奚落或歪曲呢？建筑的模式语言是否足以帮助人们为自己做设计？这些建筑项目是否小到使这一设计过程在实践中行得通？在并不是自己真正拥有的社区里人们会有足够的资金来做出负责任的决定吗？人们使用建筑的模式语言做设计的时候，在多大的程度上需要指导？又从何处得到指导？

让我们从“参与”的精确含义开始设计工作吧。它可以指一种环境的使用者协助完成环境的任何过程。最谨慎的参与方式莫过于使用者作为建筑师的客户协助完成一栋楼房，而最彻底的参与方式则是使用者自己真正设计、建造自己的房屋。

在尤金校区我们提倡一种中度参与，房屋由使用者设计，由建筑师和结构师建造。设计过程当中，教职员工和学生负责准备示意性的设计。然后建筑师们帮助实现他们的设计，而设计的基础是由使用者提供的。

我们来解释一下为什么这种参与对学校如此重要。

基本上有两个原因。首先，在本质上参与是件好事，它将人们团结在一起，并把他们投入到他们的世界当中，继而在人和周围的世界之间创造出一种情感，因为这个世界是由他们自己来建成的。其次，房屋的日常使用者比其他任何人都更了解自己的需求，所以以参与的方式设计的场所就会比以行政集中的方式设计的场所更适应人们的功能要求。

我们首先讨论为什么参与在本质上是件好事。当我们说人们在设计其生活空间的时候与世界发生了更密切的关系时，实际上包含两个方面。一方面，人们需要主动决定环境的机会，这是人类的基本需求，是对创造和控制的需求。无论何时只要人有机会改变周围的环境，他们就会这么做，而且喜欢这么做，从中他们能够得到极大的满足。另一方面，人需要机会来确定他们生活和工作的那部分环境，他们想要有一些拥有感、一些领地感。

对于任何社区的所有场所最关键的问题是：使用这些场所的人是否在心理上拥有它们？人们是否觉得能够按照他们的愿望使用这些场所？他们是否觉得这些地方是他们的？他们是否有自由将这些场所归为己有？

融入环境的两个方面——创造性的控制和所有权——当然是相互关联的。除非你在某种程度上拥有一个场所，否则你就不能控制它。除非你能够在某种程度上控制一个场所，否则你就不会有拥有感。学生和教职工如果不是在某种程度上拥有他们的实验室和办公室，或者能够在某种程度上控制其变化以适应他们自己的需要，他们就永远不会有真正融入大学的感觉。所以鼓励参与的首要原因就是允许人们融入社区，因为这会给他们一些拥有感，以及某种程度上的控制感。

▶戈达德学院的一部分，由学生和教职工设计……

我们再谈谈参与的第二个原因：房屋的使用者比其他任何人都更了解自身的需求，如果房屋的使用者不参与设计，建筑就无法真正适应他们的需求。

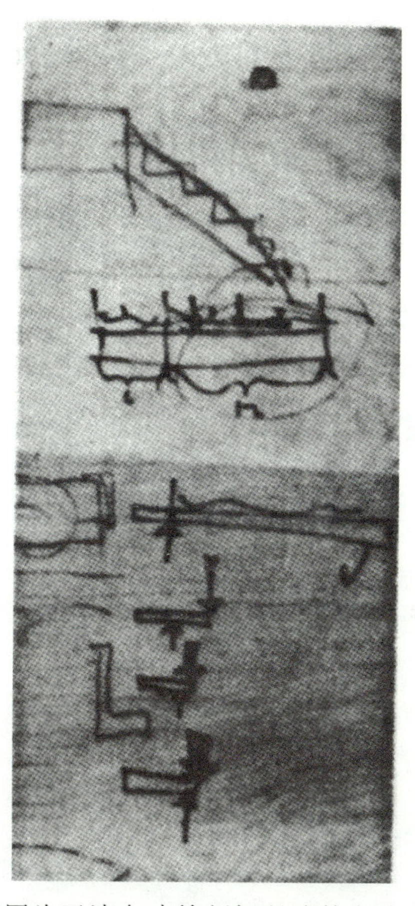

随着工作的进展，草图被画在墙上

教授们因为无法向建筑师解释清楚实验室的特性而受挫，这样的故事在大学里层出不穷。科学家们好像永远无法跟建筑师沟通他们的需求。最后建成的房子总是有很多问题：采光不足，关键的地方隔声效果不好，储藏空间不够大，没有地方静坐和思考，在需要的地方没有窗户等，不胜枚举。这样的事情常常发生。我们从在俄勒冈大学新科技大楼工作的学生和教职工那里听到过这个故事的不同版本。

1.项目主持者的意图

2.被实际需求具体化

3.年长的分析员的设计

4.程序员的设计

5.在使用者的基地装配好的样子

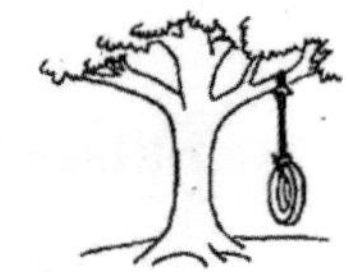
6.使用者的需求

在某种程度上，使用《建筑模式语言》中的建筑模式可以克服这些困难。建筑模式定义了建筑为满足人的需要而必须具有的特质。但是还有无数的需求和微妙的细节是这些模式没有定义的。当一个人为自己设计办公室的时候，他当然会认真考虑这些额外的细微需求，因为他能体会到这些需求。但是当他把这些需求解释给建筑师的时候，他只能说出那些能够用语言表达的东西。

由此，显而易见，参与有着至关重要的优点。但同时也有两个重要的观点反对这种参与的方式。其一："参与会造成混乱，因为人们在设计和规划的时候根本不知道他们在做什么。”其二：“大部分学生及相当一部分教职工待在大学的时间都在5年以下，所以根本就没理由让他们设计学校的房子，因为5年之后这些房屋的真正使用者已经不是现在的设计者了。”

我们首先来看看第一个反对意见，即使用者参与设计会造成混乱。建筑和规划的近代历史造成一种错误印象，即只有建筑师和规划师知道如何设计建筑，但人类近两三千年的历史有证据向我们提供相反的事实。人类历史中，几乎所有的环境都是由非专业人士设计的。建筑师们贪婪地拍摄的那些世界上最美的地方中，有很多是由非专业人士而不是建筑师设计的。

人们设计的建筑：瑞士的一个小镇

但是，当然，为了创造秩序而不是混乱，人们应该遵守一些原则。最可怕的事情莫过于在一个环境中的每一个角落都是遵从截然不同的原则设计的，这将是真正的混乱。在我们的计划中，此问题可使用我们在本书第四章里所阐述的建筑模式解决。在使用者做设计决定时，这些建筑模式将成为他们的坚实基础。所有的个人和群体都将能够设计出独特的建筑，但又总在这些模式所创造的形态框架当中。简单地说，这些模式在大学里扮演的角色，就相当于传统在传统文化中所扮演的角色。在共有的模式框架里，我们确信参与的方式能够创造出丰富多彩的秩序。

至于另一个反对意见，认为参与毫无意义，理由是今天设计大学的使用者将不是今后的真正使用者，则显得更微妙。乍一看这个观点似乎是对的，但实际上不对，因为它对使用者参与设计的真正目的和效果有误解。

当一群博士生设计他们能够讨论物理学的咖啡厅时，他们创造的空间并不是只适应于他们作为汤姆、乔治或玛丽的个体需要。首要的是，此咖啡厅适合于博士生讨论物理学，将来它会让另外一些讨论物理学的博士生们感到舒适，正如它今天适合于设计这个咖啡厅的博士生们讨论物理学一样。当然，它不可能完全适合今后任何使用者的需求。但在你过分强调困难之前，请记住另一种选择。另一种选择是使用者完全不参与设计，而设计者是更远离于使用者需求的一些建筑师和行政人员。

换句话说，无法回避的事实是，今天设计大学的人不是今后最终使用这些建筑的人。唯一的问题是：他们有多大的差别？我们似乎应当明确的是，应该选择那些在需求和习惯上与今后建筑的最终使用者尽可能接近的人。因为一群博士生会比任何建筑师和行政人员都更了解另一群博士生的需求，所以我们似乎应当将设计工作交给使用者，虽然我们知道他们将被下一代的其他使用者替代，而且他们也不是为自己做设计。

话说回来，在房屋市场上，个性化的独立房屋总是比大批量建造的房屋更值钱。你买这种房子的时候它更适合你，并不是因为它是你自己建的，而仅仅是因为它是某一个特定的人建的。这个简单的事实本身就足以保证这栋房子比其他任何大规模房屋市场上的由设计师设计的非个性化的房屋更真实、更适合使用，而且更接近生活的实际要求。

同样的事情也会发生在大学。当一个地方由在此居住过的人创造和装饰，它会因为累积的真实的人生经验而逐渐成型，因此它也会适应于新的人生经验——至少永远比那些非人格化的缺少灵活性的环境要好得多。

由此可见，参与是可取的。但它真的可行吗？在现代社会条件下，可能达到我们所倡导的这种参与方式吗？直接由非专业人员构思出来的设计会具有那种优秀建筑师赋予其建筑的生命和秩序吗？

为了回答此问题，我们来展示一个由俄勒冈大学的学生和教职员工设计的建筑方案。这个方案是设计一栋建筑中的很大一部分：投资 50 万美元的音乐学院扩建和对此现有建筑物的修缮。此方案所使用的设计过程将在本书第六章中详细解释。我们现在展示它的目的就是立即体现实际上使用者参与设计的方式是可能成功的。

音乐学院方案。现在的音乐学院空间狭窄，而且有的部分已经陈旧破败。练习室的隔离做得不好；老师和学生几乎没有地方非正式会面；建筑物的入口没有明显标志；没有小型公开演出的场地；来往交通的噪声妨碍录音棚里的工作。较早的分析建议新建一栋 16000ft^2 的大楼来解决这些问题。在我们的建议下，音乐学院院长同意按照我们提议的方式，和音乐学院的一些同事一起自行设计一个方案。参加设计的人有院长、三位教工、一位学生和两位建筑师。我们七个人组成了核心，一起工作了整整一周，逐步推演出一个方案。在这一周的时间里，一旦出现问题，其他有关人员就加入设计工作中。设计过程中，请大学的规划者帮助讨论人行道的通行，请乐器修理工设计和定位他们的工作场地，请本科生构思他们安全的私人乐器储藏空间的方案。

设计工作是由对此现有建筑的一个调查开始的。调查显示此现有建筑的哪些部分可以保留原样，因为它们尚能正常使用；哪些部分需要维修；以及哪些部分需要完全重新建造。院长和教职工还增加了一个描述所需各种新空间的项目。

然后设计组开始着手设计。设计决策是逐步形成的，一次一种模式，所采取的方式见本书第六章。生成草图的各种模式见本书第四章。大多数决定都是一致通过的；作为顾问，大学的规划者和结构中心的工作人员首先指出联系，提出建议。大部分的设计工作是在现场一边在建筑物周围散步一边完成的。草图大部分用来记录我们在现场的工作成果，但大都是我们到现场做出决定之后才画的。设计不是在“纸上”创造出来的。

以下是一周内由使用者作出的一系列草图。

（1）此图确定了一系列草图的方向，标示出音乐学院的现有建筑。

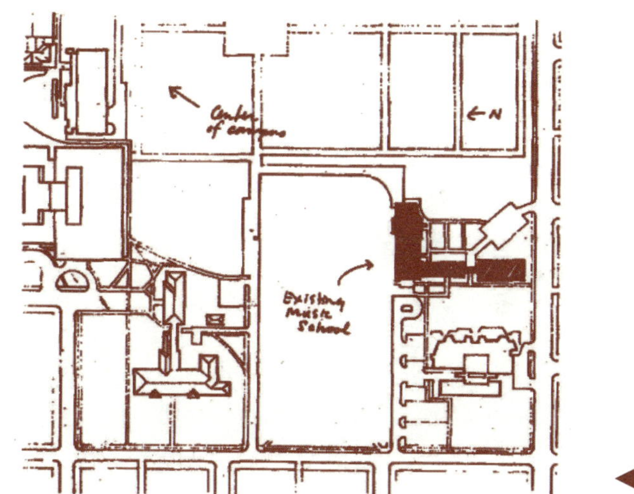

◀ 现有建筑

（2）星期一的草图，安排可能建造新建筑的位置。人行通道线已确定。潜在的建筑物用色块表示，并有大致比例。

◀ 星期一

（3）星期二的草图从另一方向着手。它没有显示新的建筑物可能存在的位置，而是确定了户外小型活动中心的位置。

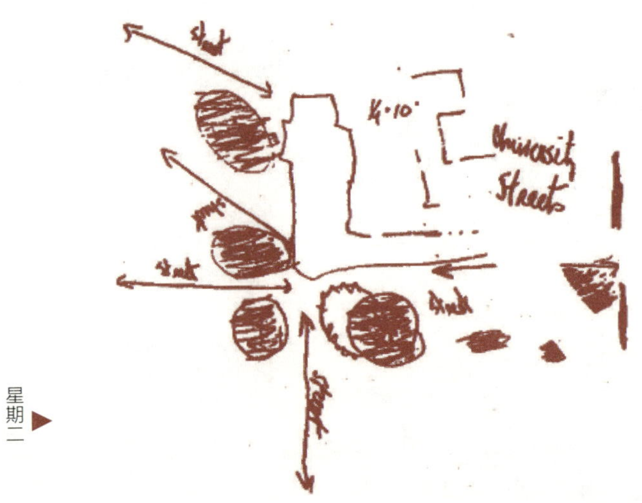

星期二▶

（4）星期三，设计组选择建筑物和公用开放空间的位置。此外，还指定了新旧建筑物各区域的新功能。重要的邻接，如练习室和排练厅的邻接关系已确定。

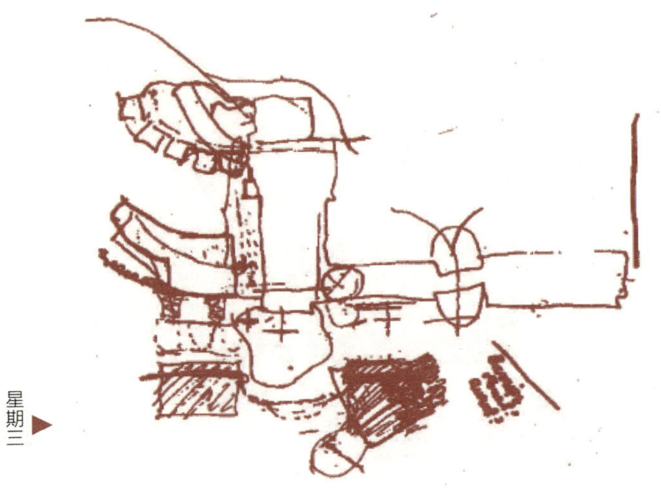

星期三▶

（5）星期四的草图是在绕着现场走了几个小时之后才作出的，包括想象建筑物的精确位置、开放空间的感受，以及各个建筑物周边的透明度。在这一步，建筑物的比例更加精确，大致空间位置已确定。

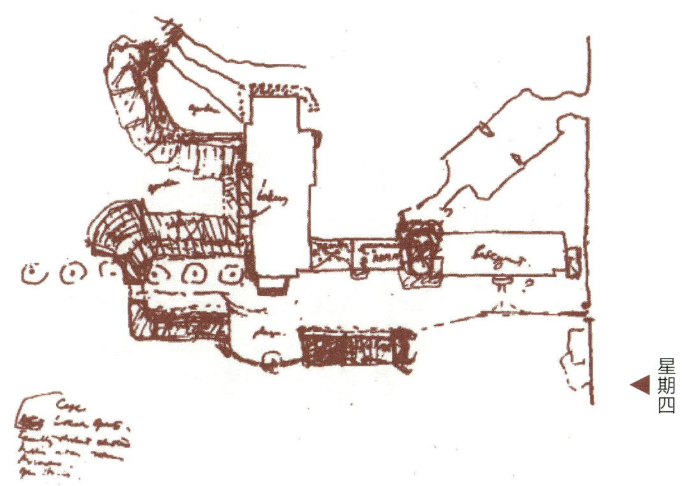

◀星期四

（6）以下为细节草图，显示出钢琴和风琴教室的组织。

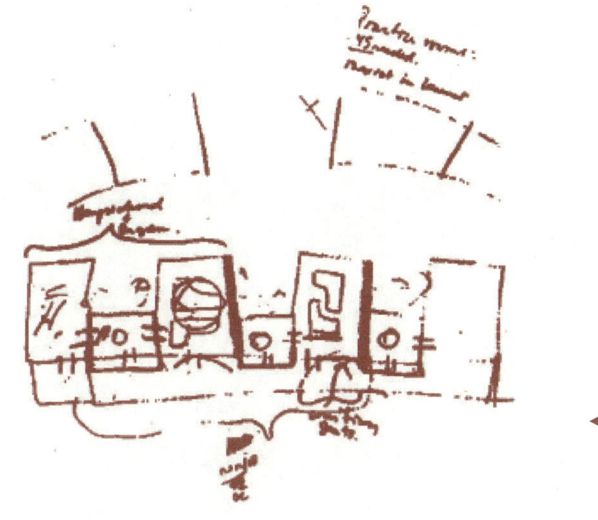

◀星期四下午

（7）这张示意性草图体现了一周努力的结果。当然，设计还远远没有完成，但它显示了一群使用者经过一个星期的精密设计工作后能够得出的结果。

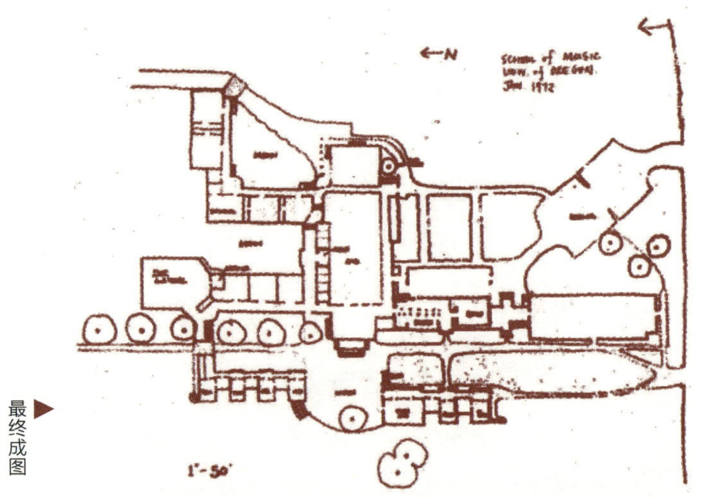

最终成图

我们相信此设计对建立参与方式的案例大有帮助。有关人员完全融入了整个设计过程；他们能够做出这个方案仅仅因为他们有日常活动和学校问题的工作经验。虽然设计还在萌芽阶段，但比起那些 20 世纪中期大量建造的过分简单的火柴盒一样的设计来，你会发现它是多么生机勃勃、丰富多彩，每一个角落都充满了爱意和关怀。

几个月后，音乐学院的院长罗伯特·特洛特在一份由俄勒冈大学建筑和美术学院主办的本地报纸《AVENU》上谈到了这个星期的设计工作经历：

……到那个礼拜的中间，每个人都经历了一种彻夜交谈的感觉，不断自问："这儿发生什么了？"到底发生什么了？我必须做什么，不能做什么？反过来呢？设计组的每一个人都是这样的。所以到星期三我们的经历与以往截然不同，从星期三到星期五中午，我们像是挂上了高速档……

而且，对我们中间的大多数人来说，这是我们第一次处理空间概念，进行空间想象。并且我们开始以一种少有的方式直接相互交流，专家们并不跟我们玩猫和老鼠的游戏，而是提出有效的建议……他们逐渐让我们认识到并不是他们知道该怎么做而故意不告诉我们；要设计出什么样的方案将由我们决定。

现在我们来看看讨论的实际应用。在一个像俄勒冈大学这样，大部分使用者都不是建筑物的合法拥有者的社区中，应该采取什么样的步骤，才能使这些临时使用者们积极地投入建筑物的设计工作当中呢？我们的第二个原则解释了所需的实际步骤。

参与的原则：所有关于建什么样的房子、如何建造等问题的决定权都掌握在使用者手中。为达到此目的，任何一个设计中的建筑方案都应有由使用者组成的设计团体；任何一组使用者都可以首先设计一个方案；任何一个使用者设计的方案都应在资金上进行考虑；方案的规划组成员应提供给使用者在设计中所需要的各种模式、诊断及其他帮助；使用者完成一个方案所需要的时间应该被视作他们活动的合理的和基本的部分；在建筑师或者是建造者开始充当主要角色之前，设计团体应该完成他们的示意性设计。

这个原则可以更精确地分为下列细则：

（i）任何一个设计中的建筑方案都应有由使用者组成的设计团体。

我们建议所有建筑物或建筑物的扩建都应由一组使用者设计，这些人应能够代表那些典型的实际使用者或将来的使用者。当一个领导、院长和行政人员创立设计组的时候，都应特别考虑并保证其代表的典型性。如果设计团体的组成引起了自称为代表的团体的争议，规划管理委员会将重议。总之，规划管理委员将决定适当的使用者代表人选。

为保证一个设计团体能够正常工作，设计团体的组成人数应有一个最高限制。按照我们对设计团体的认识，建议最多不要超过六七人。如果设计团体规模太大，就不可能保证正常工作，保证每个人都真正起到作用。

因为一定要保证设计团体的规模不大，所以该团体一定要建立“访问”或咨询成员的概念。设计过程中遇到的一些问题会引起一些不在场的人的兴趣，设计组就可以邀请这些人进来，在特定的基础上解决设计中的一些问题。

（ii）任何一组使用者都可以首先设计一个方案，而且只有使用者设计的方案才应在资金上进行考虑。

可以理解，任何一组使用者，不管这个组是大是小，都可以提出一个方案，并有相同的机会获得资金。为了鼓励使用者提出建议，我们建议以公告的方式每年征求提案。这些公告明确：特定的或是正式任命的任何一组学生或是教职员工都可以提出方案。

很明显，这个观点看起来好像与现在的实践大相径庭。现在，通常决定最初方案设计的完全是少数人——院长、系主任、特别委员会的几个成员，以及他们的助手等。当然，这些人有他们独特的优势，而且他们的方案都很有价值。但是现在的规划方式使这些人实际上成为仅有的有权提出方案的人。从来没有人正式提倡过所有的使用者——无论是特定的还是官方指定的——都可以平等地提出方案的概念。但不证自明的是，比起当今盛行的有诸多限制的方案设计系统，这个概念将带来长期的、更加丰富多彩的、更加人性化的构思。

（iii）规划人员应提供给使用者设计中所需要的各种模式、诊断及其他帮助。

任何由使用者组成的设计小组都可以得到一些信息，包括所有现在使用的模式、现有的诊断方式以及所有的地图和政策。经过讨论，使用者决定他们的方案使用哪些模式，以及哪部分的诊断方式。另外，该设计组还可以向规划人员寻求帮助。

这个使用者设计小组向规划人员递交一份他们的构思草图。然后规划人员和他们一起工作，解释诊断或模式中不清楚的地方，并且帮助他们完成方案的最后草图，以供他们上报完成正式提交的图纸。

关于模式、诊断和设计进度的详细情况，可以分别参照本书第四章、第五章、第六章。

（iv）使用者完成一个方案所需要的时间应该被视作他们活动的合理的和基本的部分。

在大学，使用者是教职员工和学生，他们在规划和设计学校建筑中的工作应该被视为合理的工作，就像教职员工的教学和科研任务或行政工作，或是学生的课业一样。当教师服务于使用者小组时，就必须对委员会负责。学生就必须对课业负责。

（v）在建筑师或者是建造者开始充当主要角色之前，设计团体应该完成他们的示意性设计。

特定的过程允许使用者的设计团体深化他们的示意性设计。在本章我们已经展示出在规划过程中鼓励使用者参与设计的情况下，使用者的设计团体有能力完成这样的设计。这条细则强调的不仅仅是使用者具有为他们自己的环境设计示意性方案的能力，更重要的是我们应该学会最大限度地利用这种能力。如果我们只是简单地要求使用者说出他们的需求，或者画一个简单的草图，然后把这些信息交给一个建筑师或者是校园规划师，我们就会失去参与的真正核心——事实上使用者可以提供一个方案的基础，而这往往是专业人士做不到的。

但是我们知道，虽然建筑模式语言的确赋予了使用者自己进行设计的能力，但他们仍然需要一些指导和鼓励。他们怎样才能得到这些指导呢？

我们预见到在任何一年中，各种各样的使用者团体会提出成百上千的方案，大多数团体都没有办法弄到资金，所以一般的规划过程就不应该为外界的专业人士要求资金。相反，使用者设计团体应该能够向内部的规划人员寻求所需要的帮助。如果在设计过程的早期，方案组就可以从外界专业人士那里得到帮助的话，他们——不是专业人士——必须对设计负责，直到示意性设计阶段。

一旦提交一个示意性设计用于索取资金并且获得成功的话，到了这一步当然就需要雇用一个建筑师来准备一套用于施工的正式图纸。为了保证建筑师能够正确理解这个示意性设计，即使在这个阶段做方案的使用者也应该有雇用建筑师的权力，很明显，建筑师有接受使用者的设计的责任。

注意，在本章的最后我们来谈谈项目规模的问题。如果单体建筑项目规模太大，我们所提倡的参与方式就不适用。人们可以参加小项目的设计工作——一间教室、户外空间、一栋小房子或者两栋楼之间的庭院，但是不能参加大项目的设计工作——高层、建筑群或重建项目。这其中有以下三个原因。

首先，10 人以下的小组才能够舒舒服服地完成一个设计项目。这表明任何服务于 10 人以上的方案都会使一些使用者无法直接参与。如果一个项目服务于 50 ～ 100 人，就不可能让每个人都参加，而是通过一个代表来参加，没有人会在设计过程遥不可及的情况下行动起来。如果一个项目服务于 100 人以上，显然就应该由将在这栋建筑中生活和工作的人们的代表来做出设计决定。建筑项目越大，使用者代表性就越粗陋，而建筑本身就变得越缺乏个性。

其次，当委员会讨论预算的时候，我们发现他们花了“太长”的时间讨论小的项目，如建造一个花园的篱笆之类，而又花太少的时间讨论大型投资，如建设一个几百万美元的工厂。委员会的成员能够感觉到和建造花园篱笆之间的私人关系，所以他们对此有见识和值得信赖的直觉，也能够讨论它。而关于大型的项目，他们感受不到和它之间的私人关系，所以就讨论得非常抽象，而且很快就做出决定。简单地说，即使是在最高层的决策过程中，人们也会感到大型投资项目离他们很遥远。而正是那些小型的项目抓住了他们的想象力、情感和投入的激情。

最后，人们只有在他们觉得对环境有责任的时候才会参与，而只有当他们可以确定那部分环境属于他们的时候才有责任感。大型建筑极大地剥夺了人们的这种感觉。建造大型建筑的时候，人和部门都被当作物体来对待，就像把柳条箱放在大货船里一样，他们被一群群地放在狭缝般的建筑空间中。在这种情况下，怎么可能感受到任何的拥有感和责任感呢？人们怎么可能关心他们的环境并计划改变它呢？

所以我们认为参与的关键是建筑项目的规模：如果项目太大，参与就被扼杀了。在本章中我们似乎应该将关于建筑项目规模的条款写入参与原则中。但是还有很多其他重要原因要求建筑项目规模较小，所以我们将用一整章的篇幅来讨论这个问题。下一章就集中讨论分片式发展原则，此原则能够保证建筑项目规模小到使用者能够直接参与设计。

CHAPTER Ⅲ. PIECEMEAL GROWTH

第三章

分片式发展

我们现在来讨论分片式发展。我们所说的分片式发展是指小规模的发展步伐，每个项目展开来都只适应于建筑物功能和场地的改变和变化。例如，给一栋旧房子加个翼楼；建造教室和阳光充足的开放空间；在一条主干道旁边车辆流动较少的空地修一个小型停车场；在两栋楼房之间加一个拱廊；在人们经常停留的地方修建带格栅的户外空间；在校园里现在无法坐下来休息或学习的地方建一个咖啡厅。每一个项目都应该跟周边的环境相配合，包括树、绿地及周边建筑的特点。在本章我们将提出分片式发展的原则，它和参与的原则一样，是创造有机秩序的基础。

首先来讨论一下机体生长和修复的概念。为保持平衡、和谐和整体性，任何生命系统都需要经常自我修复。对于机体来说，只有经常的修复，包括化学方面的调整、细胞的替代以及受损组织的愈合，才能保持机体的基本形态。

对于环境来说，为保持其综合形态而进行的生长和修复过程就复杂得多了。建筑环境的修复不但要像机体的修复一样保持其早已注定的秩序，而且还必须在任何程度上永远适应其不断变化的使用和活动要求。所以，对于建筑环境，其机体生长和修复的过程应该是一个循序渐进的过程，而且这些变化应该平均地分配于每一个阶段。修复建筑物的小细节必须跟建造崭新的房屋一样引起注意，哪怕只是一个房间、建筑物的翼楼、窗户和小路。只有这样，才能使建筑环境在它历史上的每一个时期保持其整体上和局部上的平衡。

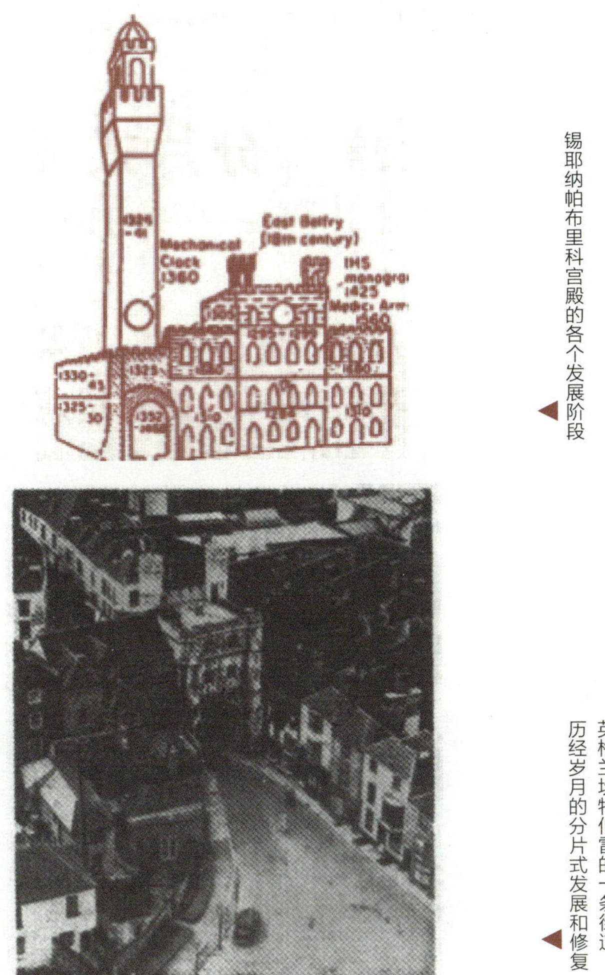

锡耶纳帕布里科宫殿的各个发展阶段

英格兰坎特伯雷的一条街道，历经岁月的分片式发展和修复

我们所知道的所有好的建筑环境都有这个共同特点。它们完美无缺，生机勃勃，正是因为它们历经了漫长的

岁月，一片一片地不断修复自己。这些片断都很小，而且在每一个阶段都有一些平衡的项目。如果建起一栋大楼房，那么同时它的周边都应随之有一些小规模的修复和变化；每一栋新楼房的建造并不是一个“结束”，而是一系列小规模修复项目的开始。这正是建筑适应于不断变换的使用者不断变化的需求的途径。它们从来不被拆毁，不被清除，相反，它们永远被美化、装饰、简化、增大和改进。在几千年的传统文化当中，这种修复环境的态度一直被认同。我们用一个词组来总结这个态度背后的观点，即分片式发展。

分片式发展的重要性似乎很明显。但是，无论它是否明显，1972 年在大学的建筑师、行政人员、开发商和财政专家中间，这个观点并没有得到广泛的认同。* 相反，最近 20 年大部分与大学校园开发相关的人士持有一种几乎相反的观点——我们称之为“大片开发”。

俄勒冈大学理科建筑群，一系列大片开发导致的结果

* 关于分片式发展之重要性的唯一的争论可见于 E.H.Gombrich 登在 1965 年 4 月建筑协会杂志上的那篇优美的文章《老城镇之美》。很不幸的是这篇文章好像只在这份小型的、不出名的杂志上出现过，在功利主义的要求下，它的信息被现代建筑的滚滚浪潮淹没了。

在大片开发中，环境是以大块大块的方式发展的，通常每一块都比 3 ～ 4 层楼高，占地超过 1 万～ 2 万 ft^2。一栋建筑一旦竣工，就被当作完成了；它不是一系列的可修复项目中的一部分。这些“完成”了的建筑物都被认定有一个确定有限的使用期限。环境生长的过程也就变成了这样：那些到了使用期限的房子被拆掉，被新的大建筑物取代，这些新的建筑物仍然被认定有一个确定的使用期限。基本的假定在新的建筑里比在旧的建筑里要好：花在环境上的钱由巨大的新项目集中管理，而维修老房子的钱被减少到几乎为零。

我们将对比分片式开发的过程和大片开发的过程，并将证明在任何方面大片开发的过程都比不上分片式开发的过程。

我们由俄勒冈大学的一个例子开始讨论。教育学院急需更大的空间。20 世纪 60 年代，一些行政人员和建筑师按照大学的惯例提交了一个方案，设计了一栋投资几百万美元的综合性大楼来取代现有的教育学院大楼，安置教育系、心理学系和社会学系。这栋综合性大楼是大片开发方式的典型例子。我们将这个大片式开发的方案与按照分片式开发政策所做的方案做一个对比，后者显示了按照分片式开发政策，如何扩大和美化教育学院。（我们没有展示另外两个系的方案草图。按照分片式发展原则，它们应该待在原来的地方，依照类似的方式进行改进。）

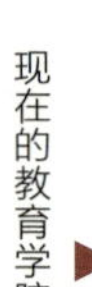
现在的教育学院

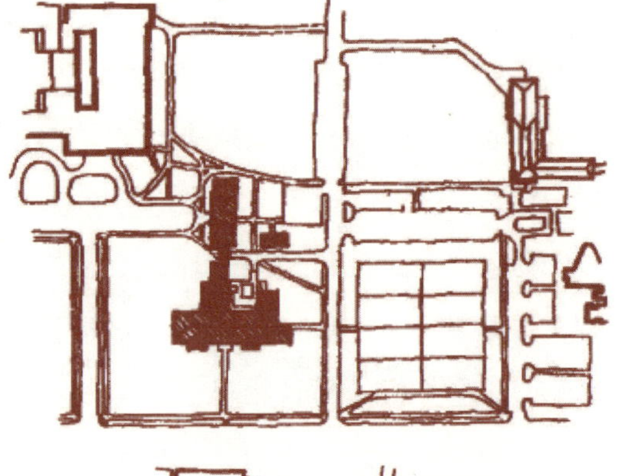

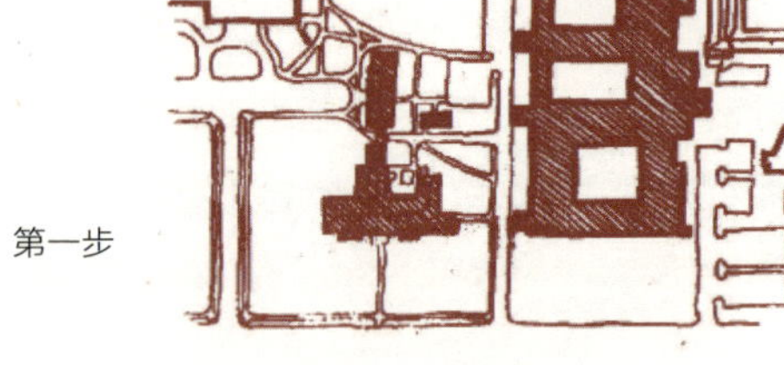
第一步

第二步

第三步

大片开发方案——将现有的建筑夷为平地

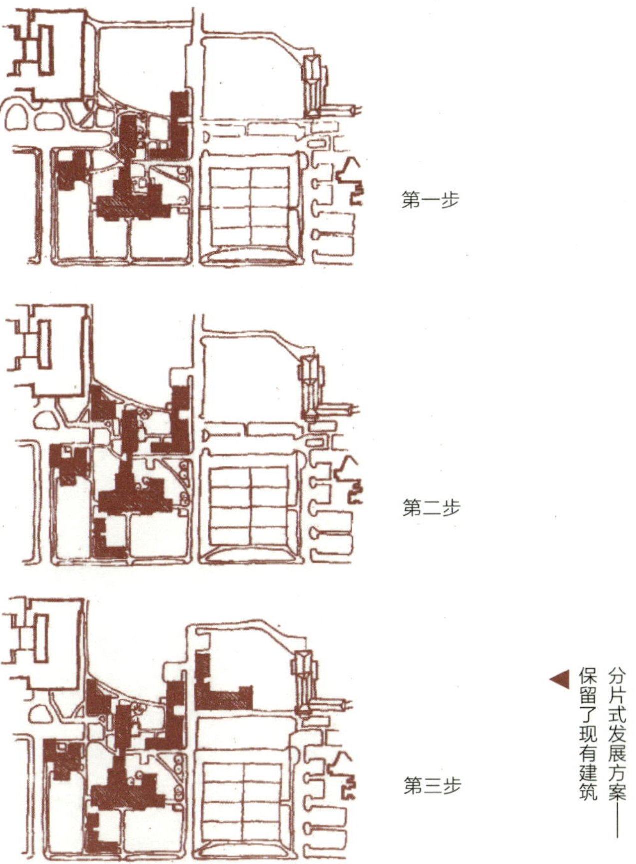

分片式发展方案——保留了现有建筑

这两张方案草图最大的区别是什么？分片式的方案保留和修复了原有建筑中仍然有用的部分，以及多年以来已经附有人文特点的部分；而大片式发展方案破坏了这些地方，并用磐石般的巨型建筑替代。分片式的方案很好地将每一栋新建筑与其周边环境融为一体，而另一种方案像一个厚颜无耻的陌生人，完全破坏了校园中这一角的构造平衡。关于造价：大片开发计划仅仅在一个建筑项目上就占用了好几百万美元的资金，其中教育学院就要花费 230 万美元；而分片式发展方案用钱就谨慎得多，这一系列的计划总共只需要 140 万美元。

这两种方法在哲学上的基本区别是：大片开发方式的指导性观点认为环境是静止的、中断的；而分片式发展方式的指导性观点认为环境是活跃的、持续的。

按照大片开发的观点，每一次设计或者建造行为都是一个孤立的事件，建造一栋孤立的建筑物——它在建造的当时可能很“完美”，然后就被设计师和建造者永远抛弃。按照分片式发展的观点，为保持其使用的平衡性，所有的环境每时每刻都在变化和发展；在时间的流动中，环境的质量是一种类静态平衡。

按照大片式开发的观点，因为建筑物总是建造在“真空”中，一旦陈旧就可以用新的建筑物替代，所以环境就被看作各种因素的集合——其中每一个因素都是可替代的。建筑物之间的土地自然被视为无用的，成为“被遗弃的空间。”但是，按照分片式发展的观点，环境是一个持续发展的构造——包括所有的建筑物和户外空间——而在此构造中所做的任何改变都只是对整个构造的修复。

大片式开发的原则建立在替代的观点上，而分片式发展的原则建立在修复的观点上。因为替代意味着耗费资源，而修复意味着保护资源，所以分片式发展的原则在生态学的角度显然优于大片式开发的原则。

但是两者还有其他现实的差异。大片式开发原则的基础理论是一个谬误，即人类有可能建造完美的建筑物；

而分片式发展原则的基础理论则是一个更健康、更现实的观点，即错误是难免的。当然，没有一栋建筑在它刚刚落成的时候就是完美的，它总会有缺陷，这些缺陷在使用该建筑物的最初几年就会逐渐显露出来。除非有足够的资金修复这些错误，在某种程度上，每一栋刚刚落成的建筑物都会被指责为不实用的。

大片式开发与修复缺陷的可能性背道而驰。大型建筑预算中的大项目往往会排挤掉那些小的项目，特别是那些对环境进行较小修正的更小项目。负责大型建筑项目的行政官员似乎相信建筑师是一贯正确的；他们不承认错误几乎是难免的，所以也就不会留下足够的资金用于修复这些缺陷。正如一个穿着衣服的人如果拒绝到裁缝那里去量尺寸，做出来的衣服就不会合体，在这种想法的影响下建成的房屋一定不会适应使用者的要求。

大片式开发与修复缺陷的可能性背道而驰表现得更明显、更严重。任何缺陷都可能因建筑物的整体规模增大而成比例增加，因此，即使是小的缺陷也一定要有足够的资金修复。例如，在加州大学伯克利分校环境学院的设计中，因为安装了错误的电灯组件，导致荧光灯管发出的噪声太大，从而使人在整栋大楼里都无法思考。因为整栋大楼总面积达 225000ft^2，而改正这个小错误的成本将是 20000 美元——正好没有这笔钱——所以，直到大楼建成 7 年之后，人们仍然无法在他们的办公室和会议室思考问题。

分片式发展所造成的缺陷本来就比较小。实际上，在分片式发展的环境下，将它们称为缺陷都可能是一种误导。分片式发展的基本假设是，建筑物和使用者之间的适应关系必须是一个缓慢的、持续的事业，在任何情况下都不可能一蹴而就。因此，我们认为，社区的每一部分每年都应该专门准备一些资金，这样才能让所有地方的适用性持续发展，成为一个永不间断的过程。

在一个像俄勒冈大学一样有集中预算的社区，大片式开发还有一个更严重的后果。因为单一的总体预算是有限的，社区中的各个团体都在竞争资金，他们知道每年的预算都只会投资给一两个项目，因此他们会想方设法编造一个重要的理由来争取一个引起极大重视的项目。这就意味着每个团体都会极度夸张他们的需求，人为地扩大他们的项目，而使其他的团体根本无法得到资金。总之，大片式开发一旦开始，为了赢得项目竞争，各个团体不断地夸大需求，开发的内部动力总是会使项目变得越来越大。

项目越大，不可避免地，使用者就会越觉得不满意。在大片式开发的情况下，一个系二三十年只可能得到一次建设资金。因为建筑物不可能刚一落成就适合于它的使用者，这些院系一直处在遗憾的状况下：他们不能制定一个修复的节奏，使建筑物逐渐地适合于他们，在可预见的将来，建筑物都不可能满足他们的需求。随着大片式开发的发展，大多数的系在大多数时间里都会遇到这种情况。他们被已经拥有的建筑弄得进退维谷，当最终得到改善的机会时，他们又会把所有的蛋放在一个巨大的篮子里，再为后二十年的资金制造最新的缺陷而感到不满。

在分片式发展的情况下，所有的事情都会更谨慎。人们没必要夸大他们的需求，因为资金只被用来满足当时的实际需求。这极大地减少了每年资金的总需求量，从而为那些实际需求适时地提供资金，毫不拖延，年复一年，资金一点一点地分配出去，每一个地方都得到了改善。

大片发展的不稳定特点也在另一方面和创造平衡的可能性背道而驰，事实上它确实使社区的一大部分变成了僻街陋巷。导致这一结果的事实是所有可用的资金总是自然被集中用于支付最新的大型建筑；从来就没有稳定、充足的资金留给非在建项目，从而使大部分的环境经常得到修复。

基于类似的原因，城市中的部分地区变成了废墟。在地价低廉的地区，资金被投入整片式发展的项目中；而城市旧区衰退，改善这些地区将一无所获，虽然情况不会如此急转直下，但是当今很多大学校园都面临着类似的前景。这里曾经有一个中心，随着它的周边建立起一些新的综合性大楼，中心变得陈旧、破败，但是新建筑的投资是巨大的，所以就忽略了能够使旧的中心重新焕发青春的资金投入。一个地方越破败，去的人就越少，最后就变成了一片废墟。

在俄勒冈大学，经历了20年大片开发的校园正处于这样的状况。在尤金的一份杂志《注册守卫》上，最近有一篇关于俄勒冈大学的报道，据估计俄勒冈大学校园内有将近一半的建筑需要推倒重建，而另外10%的建筑需要大规模修复。如果现行的大片开发政策再继续实行20年，几乎可以肯定，到1990年，俄勒冈大学的部分地区将成为废墟。

为了将学校视为一个整体，我们必须每时每刻都考虑到它的每一个部分，这意味着将现有的资源应用于校园中各个地方，以便均衡发展。极端地说，在地理上它意味着当我们每花1美元都要在整片土地上平均地花掉，这样校园中的每一平方英尺都能从这1美元中分一杯羹。

理科图书馆庭院：废墟的起点，导致这一错误的原因在于它是整片式发展的一部分，无法修复，没有剩余的资金

比起整片式发展来说，分片式发展要更接近这种思想。每年都有少量资金用于修建停车场、用于改善学生的居住条件、用于改善报告厅、用于改善户外空间、用于修复每一栋学术建筑。尽管过程很慢，但校园的环境质量确实在逐步提高；旧的场所没有被置之不理。因为这种发展是在各个方面同时向前推进的，它的许多个部分最终会形成统一的整体。

基于以上原因，分片式发展可以创造有机秩序，而整片式发展则会破坏它。

还剩下一个问题：分片式发展是否会耗资更多。在整片式发展中导致经常建造大尺度建筑的一个原因就是它们很便宜。如果这是事实的话，分片式发展在实践中就可能太昂贵了。

在下面几页我们将建立的观点是，想要在大型建筑项目上节约成本是不可能的。在可使用的每平方英尺上，小型建筑都不会比大型建筑耗资更多。事实上我们已经发现，随着建筑物尺寸和高度的增加，其结构造价通常都会增加。

首先，大型建筑需要更昂贵的结构形式。表 1 表明了可满足学校统一建筑规则的各种建筑规模，面积从 5000ft^2 到 130000ft^2，高度从一层到八层。因为不同的建筑类型会有不同的使用周期，我们修正成本的方式是在原成本上加上当建筑物的某一结构的使用寿命结束时替代其结构的成本（表 1 第 7 列）。即使我们加上了修正值，小型建筑每平方英尺的成本还是低于大型建筑。

大型建筑物成本增加的另一些原因是内部可用空间的损失、电梯设备及每多一层楼递增 1%的造价。每多一层楼造价递增 1%的说法是根据 1970 年《马歇尔和史蒂文估价手册》的建筑成本估价方式提出的。高层建筑中可用面积的损失是因为附加的走廊、大厅、电梯和用于机械设备的空间。计算面积损失的百分比时，我们使用了斯科德摩、欧文斯和莫瑞尔提供的数据（表 2 第 3 列）。整体成本差异的比较见表 2。

表1　不同结构类型每平方英尺建筑面积的造价

建筑规模	楼层	结构类型规则[B]	结构说明[A]	结构使用寿命	每平方英尺造价[B]	使用寿命损失的造价[C]	每平方英尺总造价
5000	1	Ⅴ no hour	木结构，管状柱	35y	$14.78	$3.68	$18.46
10000	1	Ⅳ no hour	钢结构或裸露的墙面，砖、瓦或混凝土	40	16.29	1.62	17.91
15000	2	Ⅳ 1 hour	钢柱、网架或轻钢梁砖、瓦或混凝土	50	19.90	0	19.90
20000	2	Ⅱ	钢或混凝土，2h防火	50	22.50	0	22.50
30000	3	Ⅱ	〃　〃	50	22.50	0	22.50
40000	3	Ⅰ	钢或混凝土，4h防火	50	24.00	0	24.00
50000	4	Ⅰ	〃　〃	50	24.00	0	24.00
60000	4	Ⅰ	〃　〃	50	24.00	0	24.00
70000	5	Ⅰ	〃　〃	50	24.00	0	24.00
80000	5	Ⅰ	〃　〃	50	24.00	0	24.00
90000	6	Ⅰ	〃　〃	50	24.00	0	24.00
100000	6	Ⅰ	〃　〃	50	24.00	0	24.00
110000	7	Ⅰ	〃　〃	50	24.00	0	24.00
120000	7	Ⅰ	〃　〃	50	24.00	0	24.00
130000	8	Ⅰ	〃　〃	50	24.00	0	24.00

A 根据统一建筑规则。

B 根据 1970 年《马歇尔和史蒂文估价手册》计算的造价。

C 因使用寿命损失而附加的成本计算方法如下：假设每一个结构在被使用 15 年之后都用类似的结构替代，而该结构的价值是当前成本的 94%。

表2　每平方英尺使用面积的造价

建筑规模	楼层	净使用面积百分比[A]	净使用总面积/ft^2	每平方英尺建筑面积造价[B]	建筑面积总造价	电梯的附加成本[C]	建筑物总造价[D]	每平方英尺使用面积造价
5000	1	90%	4500	$18.46	$92300	NA	$92300	$20.51
10000	1	90%	9000	17.91	179100	″	179100	19.90
15000	2	90%	13500	19.90	298500	″	298500	22.11
20000	2	90%	18000	22.50	450000	″	450000	25.00
30000	3	90%	27000	22.73	681900	（2）131000	812900	30.11
40000	3	88%	35200	24.25	970000	（2）131000	1101000	31.28
50000	4	86%	43000	24.50	1225000	（3）202000	1427000	33.18
60000	4	85%	51000	24.50	1470000	（3）202000	1672000	32.80
70000	5	84%	58800	24.75	1732500	（4）269000	2001500	34.04
80000	5	83%	66400	24.75	1980000	（4）269000	2249000	33.87
90000	6	82%	73800	25.00	2250000	（5）353000	2603000	35.27
100000	6	81%	81000	25.00	2500000	（5）353000	2853000	35.22
110000	7	80%	88000	25.25	2777500	（5）353000	3130500	35.57
120000	7	80%	96000	25.25	3030000	（6）433000	3463000	36.07
130000	8	80%	104000	25.50	3315000	（6）433000	3748000	36.04

A 得自在旧金山对斯科德摩、欧文斯和莫瑞尔的访问。

B 以表 1 中的造价为基准，每上升一层附加 1%。

C 此造价根据马歇尔和史蒂文估价服务机构提供的数据，每根柱身 $60750，每分钟 500ft，3000L 容积，每一站附加 $1625。电梯的数量是假设每 150 位居民共用一部电梯。

D 精确到百位数。

以下两张图总结了建筑规模和成本的关系。首先是建筑高度和每平方英尺使用面积的造价之间的关系。我们发现，造价随着建筑物的高度增长而增加。

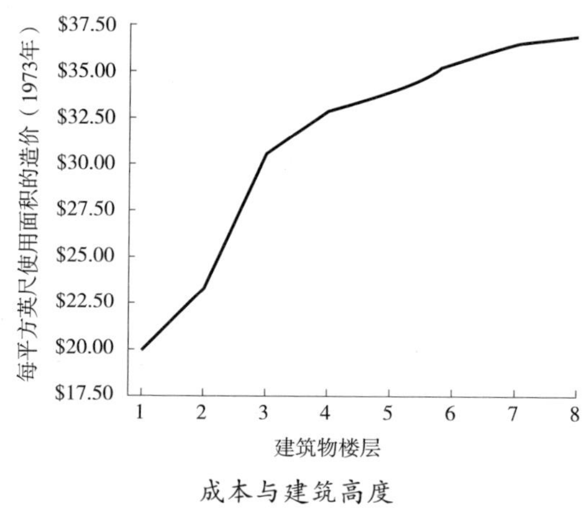

成本与建筑高度

其次是建筑面积和每平方英尺使用面积的造价之间的关系。我们发现，当建筑面积达到 $20000ft^2$，造价急剧上升。

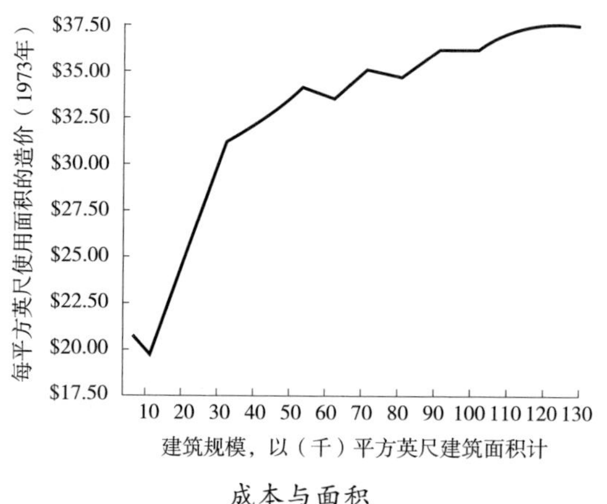

成本与面积

为了进一步验证这个结果，校园规划师拉里·毕赛特收集了俄勒冈州多个地区的72座校园建筑的成本数据。取样中包括本地的中学和小学，以及通过国家高等教育委员会投资的建筑。每平方英尺的造价按照每平方英尺建筑面积计算,因为无法得到使用面积的数据。但是,尽管我们没有考虑大型建筑物的特点，即建筑面积/使用面积的比率,我们还是发现,在三个不同的面积范围内,每平方英尺建筑面积的平均造价是几乎相同的，结果见表3。

表3 每平方英尺建筑面积的造价与建筑物的规模

面积	平均造价	取样建筑的数量
0～15000ft^2	$22.13	16座
15000～35000ft^2	23.39	20座
＞35000ft^2	23.35	36座

来自其他国家的资料也证明了我们的发现是正确的。一些实例显示，高层建筑中一定面积的造价比相同面积在低层建筑中的造价要贵的多。

例如，在英国，关于造价的计算导致了一些超高层住宅建筑津贴的撤销。当一切清楚地证明超高层建筑比3～4层的建筑造价高，英国住房部长和地方官员也都认同该项举措。（“住房部长和地方官员”，《通告》第36/37期，伦敦，1968。）英国的另一项研究表明，每平方米可使用面积的造价随着建筑物的高度上升。（托马斯·夏普，《城镇和城镇的格局》，伦敦，1968，第132页。夏普的研究基于以下资料：P.A.斯通的图表，摘自“城市建筑发展的经济学”，《皇家统计学会会刊》（系列A），第122卷，1958；纳撒尼尔·利奇菲尔德，“纯密度，公共权威寓所的成本和价值”,《特许调查员》, 1960 年 9 月，第 3 ～ 11 页。)

除了建筑成本的提高，高层建筑的维护费用也大幅度提高。例如，在格拉斯哥有人发现，1970 年低层建筑中的每一个住房单位的维护费用是 8.39 英镑，然而同年一栋高层建筑中每个住房单位的维护费用是 21.35 英镑。(珀尔 · 杰弗科特和希拉里 · 罗宾逊,《高层公寓的住家——高层建筑的若干人文问题》, 格拉斯哥大学出版社，爱丁堡，1971 年，第 128 页。)

我们可以肯定地说，按照分片式发展的原则建造的小型建筑项目，每平方英尺使用面积的造价一定不会高于整体式发展的原则建造的项目，甚至会更低。

现在只剩下最后一个问题，即在现实中如何采取措施来帮助实现分片式发展。

乍一看，好像只要简单地给每一个工程的规模加一个上限就够了。例如，“所有项目的成本都不得超过 500000 美元”。但是，稍加思考就会发现这样不行。因为对有些项目它可能太高，而对另一些项目它又可能太低。一方面，总有一些项目——如高速公路隧道——需要花上好几百万美元，而且不能一点一点慢慢做。在这种情况下，500000 美元的限制就低了。另一方面，500000 美元的限制违反了我们的愿望，即绝大部分项目应花费远远少于一百万美元——最好几千美元一个。在这种情况下 500000 美元的限制又太高了。

与规定项目规模的上限恰恰相反，我们必须将项目规模的分配具体化，即规定不同规模的项目在预算中占的总比例。它将由以下原则控制。

分片式发展的原则：每一个预算周期所进行的建设都应以小的项目为主。为此，在任何预算期间，大型项目、中型项目及小型项目都应得到相同的投资，以保证极小建筑发展的数字优势；当资金像在俄勒冈大学一样来自社区之外，提供资金的政府机构应该支持这个原则，指定大型项目、中型项目及小型项目都应得到相同比例的投资；在小型项目里，政府要像对大型项目一样发放资金，而不要考虑每一个项目的细节。

（i）在任何预算期间，大型项目、中型项目及小型项目始终都应得到相同的投资，以保证极小建筑发展的数字优势。

考虑一下按照建筑物规模分类的预算系统类型。以下是一个分类系统的例子：

A．少于 1000 美元

B．1000 ～ 10000 美元

C．10000 ～ 100000 美元

D．100000 ～ 1000000 美元

E．1000000 美元以上

在大片开发中，有一些大型项目，有一些中型项目，还有一些小型项目。用在大型项目上的资金远远多于用在小型项目上的资金。各种类型的项目数是一样的。

表4 大片开发中250万美元预算的项目分布

类型	项目数	一般情况下的大致总成本
A．少于1000美元	1	500
B．1000～10000美元	1	5000
C．10000～100000美元	1	50000
D．100000～1000000美元	1	500000
E．1000000美元以上	1	2000000
合计		$2500000

在分片式发展中，每一个一定规模的项目都有一些支持它的小项目用来填补瑕疵，帮助调整它在环境中不尽完美的地方。我们这样说也许很笼统，但却很具体：每一个造价 1000000 美元的建筑项目应该附带 10 个 100000 美元的修复项目和 100 个 10000 美元的修复项目，以此类推。分配在每一种类型的项目上的总资金应该是相等的。

表5 分片式发展中250万美元预算的项目分布

类型	项目数	一般情况下的大致总成本
A．少于1000美元	1000	500000
B．1000～10000美元	100	500000
C．10000～100000美元	10	500000
D．100000～1000000美元	1	500000
E．1000000美元以上	1/10个项目	500000
合计		$2500000

自然，表 5 显示，通过在一个典型的预算中一项一项地具体分配项目规模，我们可以保证分片式发展。唯一的问题是：我们到底应该选择哪一个类型，我们应该具体地使用哪一种分配方式?

最简单的具体分配方式要求分配到大型项目、中型项目及小型项目的资金总量相等。这就是表 5 中的分配方式。

同一原则下的另一种适度的方式允许大型项目分到的资金总量比小型项目稍多一点，见表6。

表6　为保证分片式发展，另一种分配250万美元预算的方式

类型	项目数	一般情况下的大致总成本
A．少于1000美元	500	250000
B．1000～10000美元	50	250000
C．10000～100000美元	10	500000
D．100000～1000000美元	1	500000
E．1000000美元以上	1	1000000
合计		$2500000

我们仍然不知道哪一种具体分配分片式发展的方式是最好的。在为了保持社区处在健康的状态下的经验主义假想的基础上，还需要做进一步的研究。在这些研究欠缺的情况下，我们暂时推荐使用上面所提到的最后一种分配方式。

（ii）当资金像在俄勒冈大学一样来自社区之外，提供资金的政府机构应该支持这个原则，指定大型项目、中型项目及小型项目都应得到相同的投资。

在俄勒冈大学的案例中，国家高等教育委员会和州政府方式和方法委员会必须理解这个原则的重要性，并按照与此原则相匹配的方式安排他们各自的资金。重要的是认识到州政府方式和方法委员会必须根本地转变他们的一贯政策。现行政策看起来是中立的，但实际上并不是。除非改变政策，不然州政府方式和方法委员会就会一直在无意地挥霍浪费，并在大片开发的过程中充当着不明智的合伙人的角色。

让我们来了解一下这种不明智的合作机制。州政府方式和方法委员会对大项目不做明确的要求，但是事实上他们对项目的审查非常仔细。州理事会从各个大学收集项目提案，然后将其上交到州政府方式和方法委员会时，倾向于将项目数量控制在很少的范围内。只能这样，不然州政府方式和方法委员会的成员就没有时间看完所有的项目。

项目数量必须很少的事实就会使所有项目相应地变大。更有甚者，大学和其他机构很快就会发现一个事实，即在一次预算中每一个机构都只会有一到两个项目得到资金。同样，这或多或少是因为州政府方式和方法委员会试图努力做到公正合理，将资金基本上平均地分配到各个参加竞争的校园。

这几乎不可避免地将导致只有那些最大的和最贵的项目得到资金。原因很简单，大学想从州预算中得到尽可能多的钱。他们知道，至少在现在的情况下，他们只能得到一两个项目的资金。自然，那些列在项目名单最上面的项目最有可能得到资金，因为人们认为它们是最“紧急的”。因而，校方就会将耗费资金最多的项目列在名单的开头部位，这样他们就有很大的机会从州政府得到很大一笔钱。

这就是我们为什么说，州政府方式和方法委员会一直在大片开发的过程中充当着的不明智的合伙人角色的原因。只要他们保持现行的分配资金的态度，对于大学来说，最有利的事情就是迫切要求建设大项目，从而正如我们所说的，校园的环境就不可避免地变得越来越糟糕。

（iii）**在小型项目里，政府要像对大型项目一样发放资金，而不要考虑每一个项目的细节。**

现在，在得到建设资金之前，所有计划中的建筑项目都得由俄勒冈州政府方式和方法委员会仔细审核。至于那些耗费几十万美元甚至几百万美元的项目，我们相信这是恰当的，因为在我们准备的参考资料中，这些大项目无论如何都会比较特别，而且需要通过检查来使之有效。

但是，我们相信，对于那些小项目就不能这么做。为了实现分片式发展，委员会必须认识到他们不可能在每一个小项目得到资金之前审查它们的细节——因为细节实在太多了。

还有一点可以证明同一结论。在州政府方式和方法委员会同意提供资金之前，一个项目批准的过程可能会长达两年，才能完成所有的步骤。对于小型项目来说，这也实在是等得太久了。

当一个组群提出一个小型方案的时候，我们可以想象它是对于一个小规模问题的直接的、亲切的回应，而且人们急切地想要立刻着手建设。例如，修理系馆的暖炉；建一座跨越小溪的人行天桥；造一间户外的教室；美化一条道路；安置自行车道；或者修一个实验室。试图负责这样的项目的人们都不愿意等上一两年才知道他们的项目是否得到了资金。这些项目的基本特点是要及时，如果这些自发行为被长时间的等待和审查所压服，项目也就完了。因为这是分片式开发的关键，所以州政府必须认识到它们的重要性，在整套、大量的资金中准备发放资金给小型项目，而不要太注意每个项目的细节，免去漫长的等待时间。

CHAPTER Ⅳ. PATTERNS
第四章

模式

我们现在来谈谈引导分片式发展过程中建筑设计的概念：模式本身。

首先是模式的简单定义，记住从我们现在的观点来看，每一个模式都有的基本特点是，它形成了一个社区的共同的、同一性的基础。因此，每个模式都是一个明确说明的总体规划原则的陈述，因而它的正确和错误都可以由经验主义的证据证明，被公众讨论，然后，依照讨论的结果，由代表整个社区的规划管理委员会决定是否采用。

记住这一点，我们可以将模式定义为一种总的规划原则，说明某一明显的问题会在某个环境中重复出现，说明可能会发生这个问题的环境范围，提出为解决这个问题所有的建筑和规划都必须具有的共同特点。在这种意义上，我们将模式看作以经验主义为基础的规则，说明在社区中健康的个人和社会生活的前提。至于“健康”和“完整”的精确定义，以及这些复杂的概念在经验主义的现实中稳固的方式，许多模式结合成为一种模式语言的方式，个人和社区能够使用模式语言的过程及一切社区成功过程中的关键即是共同的模式语言，这些在《建筑的永恒之道》一书中都已经讨论过了。

另外，《建筑模式语言》一书具体地说明了一种真正的模式语言，涵盖了至少在一种和谐的情况下，整个社区所必需的全部建筑模式。它包含了大约 250 种模式，从大的区域模式到小的建造细节。

在这一章，我们要讨论的是在俄勒冈大学让这些共同的模式语言发展的行政和民主机制——而且该机制将允许人们年复一年地改进此模式语言，直到它能够反映他们的共同状况，以及他们的共同需求。而后，实际问题就是关注大学社区试验性地共享和使用建筑模式的过程，随后几年挑战和改进已使用的模式的过程，以及大学社区的成员——特别是学生和教职员工——能够通过实验和观察改进模式的过程。

下面来谈谈一个像俄勒冈大学一样的社区如何建立起自己的模式语言。我们假定每一个希望使用共同的模式语言的社区都会觉得最简单的方法莫过于由丛书的第二卷《建筑模式语言》开始。当然不可能使用全部 250 多种模式：有很多可能会不合适，有一些甚至是错误的。但是建筑的模式语言的构造非常好，所以很容易适合于任何社区的需要。

它之所以会容易适应环境，是因为其中的 250 种模式是独立的；也就是说它们可以单独使用，也可以随意结合使用；而且如果在其中加上任何另外的新发明的模式，还是可以使用。实际上，这就是为什么我们提倡每一个社区着手开发自己的模式语言。

以俄勒冈大学为例，翻阅《建筑模式语言》，我们发现 250 个模式当中几乎有 200 种是与大学社区有关的。在这 200 种模式里有大约 160 种是关于建筑内部、房间、花园和建筑结构的。这 160 种模式的确非常重要，但是，因为它们并不能解决影响到每一个人的所有的问题，所以最好不要刻板地使用这些模式。而相反，在设计自己的方案时，任何使用者组群都应该按照他们的本能，将其视为可用或不可用的模式。

但是，在这 200 个与大学有关的模式当中，有 37 个模式的规模过大，无法在单一的项目中实现——只有许多不同的单一的项目共同协作才能够完成。因此，这些模式当然一定要全校通过。规划管理委员会应该正式考虑这 37 种模式，以便大学社区采纳它们，而后以某种形式集中其他模式使之实现。它们是：

地方交通区
学习网
易识别的邻里
不高于四层楼
通往水域
小公共汽车
散步场所
活动中心
区内弯曲的道路
T 字交叉
小路网络
人行横道
小路和标志物
自行车道和车架
小路的形状
行人密度
公共户外空间
办公室之间的联系
楼层数
建筑群体
基地修整
树阴空间
朝南的户外空间
相连的建筑

僻静区

近宅绿地

小广场

公共性的程度

地方性运动场地

小停车场

有遮蔽的停车场

主门道

主入口

各种入口

有天然采光的翼楼

户外正空间

拱廊

以上所列的 37 种模式非常笼统：都是关于密度、房屋、开放空间、道路和小路等问题的。而没有涉及大学所面临的特殊问题。但是，对于环境的状况来说，这些大学的特殊问题当然也和普通问题一样重要。而碰巧《建筑模式语言》中没有涉及它们，恰恰是因为它们太特殊、太烦琐了，也太地域性了，所以没有被收入。因此，我们衍生出 18 种特殊的模式来解决这些大学里特有的特殊问题，每一个特定的社区都应该同样补充《建筑模式语言》里普通模式的不足。这些模式是：

大学的入口

开放式的大学

学生住宅分布

大学的形状和直径

大学的街道

学习生活区

各系的结构

400 人的系

系的空间

地方行政

学生社区

小型学生会

停车空间

教室的分布

教师和学生的混合

学生的工作场所

在咖啡馆真正地学习

系的中心

当我们将这两个模式的列表交织起来，就有了55个模式的列表，它们很全面，足够大学正式使用。由于篇幅有限，我们不可能完整地解释所有的模式，但我们认为重要的是，读者必须理解这两个模式列表如何交织成为一个和谐的、单一的列表；同样重要的是，理解这些大规模正式使用的模式如何真正地生成了健康的大学环境。因此，我们将简单介绍一些模式，其中包括俄勒冈大学的18种特殊模式和《建筑模式语言》中的几个模式（37个模式中的14个），来展示此列表的大致范围和内容，以及如果大学将其作为规划过程的支柱而正式地使用这些模式，将从中得到什么。

我们要强调的是这几页只是32种模式的概要，而非全文。模式的全文通常会描述模式的经验的证据。这里的概要只是简单地说明问题，虽然经验证据是所有恰当制定的模式的基础，本书却完全没有空间一一累述。完整的说明可在《建筑模式语言》一书中或在俄勒冈大学规划办公室的文件中查找。

1. 大学的人口

如果一个大学太小，它就缺乏多样性；如果它太大，就不能像一个人类组织一样运作；如果它发展太快，就会因为没有机会对变化进行吸收和调整而垮掉。

因此，我们将大学的发展速度控制在每年2%，并将任何大学的绝对规模限制在25000名学生以下。

数据见俄勒冈大学文件

2. 开放式的大学

当一个大学的校园建成，用一道生硬的界线将其与城镇分开，就会使学生与城镇居民隔离，不知不觉地呈现出美化了的中学的特点。

因此，我们鼓励打破大学和城镇之间的界线，鼓励城镇的各个部分在大学中发展，而大学的各个部分也在城镇中发展。

数据见俄勒冈文件和模式语言

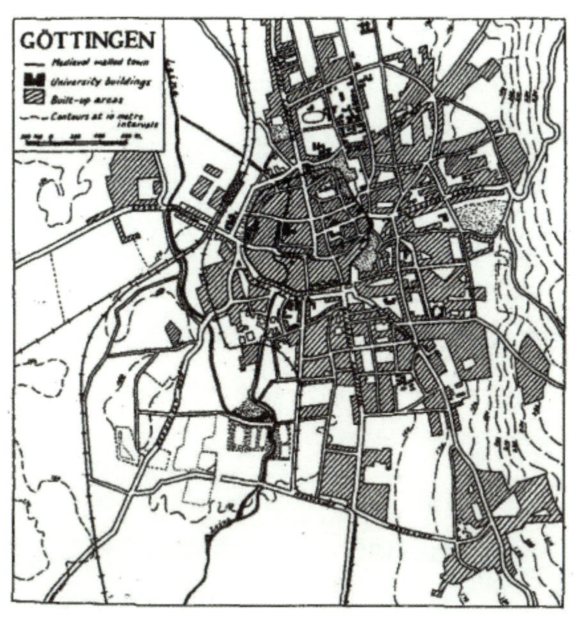

开放式的大学：哥廷根，黑色是大学建筑

3. 学生住宅分布

如果学生住得离大学太远，他们就不可能成为大学生活中的一部分。

因此，我们将所有的学生住宅定位在以大学的中心为圆心，1mi 为半径的范围内：学术活动区域位于距大学中心1500ft半径的范围，学生住宅与其有25％的结合部分（见“学习生活区”）；25％位于距中心1500～2500ft的范围内；50％位于距中心2500～5000ft的范围内。

数据见俄勒冈文件

4. 大学的形状和直径

如果一个大学的范围过大，人们就不能完全使用它所提供的一切；另外，如果一个大学的直径只是严格地按照10min课间的路程设计，又会造成不必要的限制。

因此：我们将所有的课程平均安排在一个直径不大于3000ft的圆形区域中。将非课程活动，如运动场、研究室和行政办公室安排在一个大一些的范围内，直径为5000ft。

数据见俄勒冈文件

5. 地方交通区

汽车对社会生活的影响是破坏性的：它使我们远离道路并且相互疏远。控制汽车的第一步就是停止在地区内使用。

因此，我们将大学嵌入一个地方交通区，直径为1～2mi。除了非常特殊的情况，在此区域内鼓励人们使用下列交通方式：步行、自行车、单脚滑行车、马车，甚至骑马。使小道和大路适合于这些交通方式，同时街道成为汽车的慢行和迂回线路，而在地方交通区的边缘建造高速环行路。

数据见模式语言

在地方交通区内

6. 停车场不超过用地的 9%

如果用于停车的场地过大就会破坏土壤。

保持在9%的停车场地：俄勒冈大学

因此，我们将校园分为若干个地区，每一个地区的停车场地和车库的面积不得超过地区总面积的 9%。

数据见模式语言

7. 区内弯曲的道路

穿越校园的交通破坏了人行区域的宁静和安全。尤其是在大学这样一个地方，创造安静的环境是工作的重要保证。

因此，为了使交通和行人区域处在良好的平衡状态，我们将地区内的道路建成环线或死巷，使汽车不可能穿越校园。

数据见模式语言

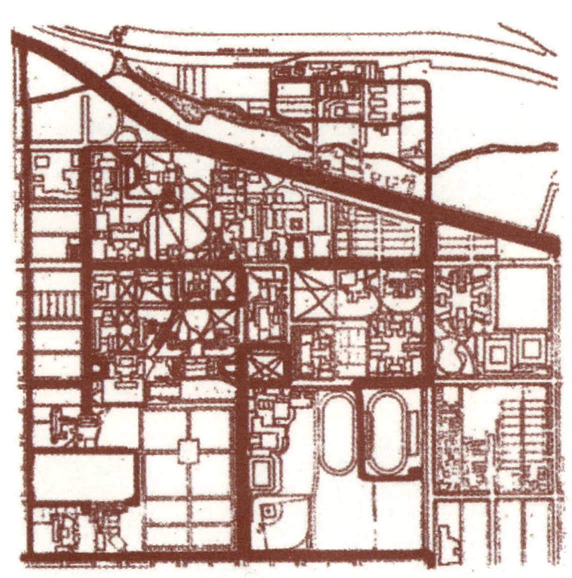

俄勒冈大学的环行道路方案

8. 大学的街道

大块的系馆和高度集中的学术研究设施扼杀了校园的多样性、学术自由和学生的学习机会。

因此：我们将大学的主要功能设施——办公室、实验室、演讲厅、运动场和学生住宅沿街集中放置；20 ~ 30ft 宽的公用和必需的步行街应远离大学活动的通道；始终将新建筑安放在大学街道的扩大延展地段。

数据见俄勒冈大学文件和“步行街”模式语言

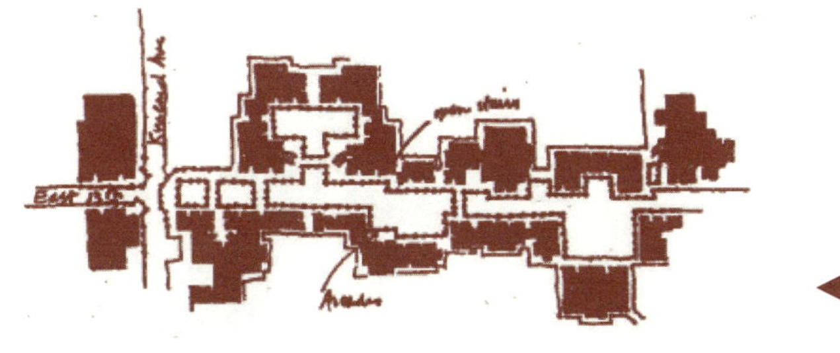

俄勒冈大学的街道方案

9. 学习生活区

希望自己的生活和大学紧密相关的学生都希望他们的住宅也能够和大学连为一体；但是现在的大部分校内学生住宅仍然是与学术部门分开的。

因此，我们在校园内 3000ft 的直径范围内为 25%的学生提供住宅。并不将它们与学术部门分隔开——相反，在彼此互相破坏之前，将它们交替放置，有两三个学生社区，还有大约 300ft 的学术机构。

数据见俄勒冈文件

10. 活动中心

如果建筑物均匀地摆放在校园里，它们就不能在周围生成小的公共生活中心，也就无法使校园的各种“邻里”相互交流。

因此，在确定房屋位置的时候，将他们和其他房屋结合起来，形成小型的公共生活中心。在大学校园内建立一系列的这种中心，与它们之间宁静的私人户外空间大不相同，然后用人行小路将这些中心编织起来。

数据见模式语言

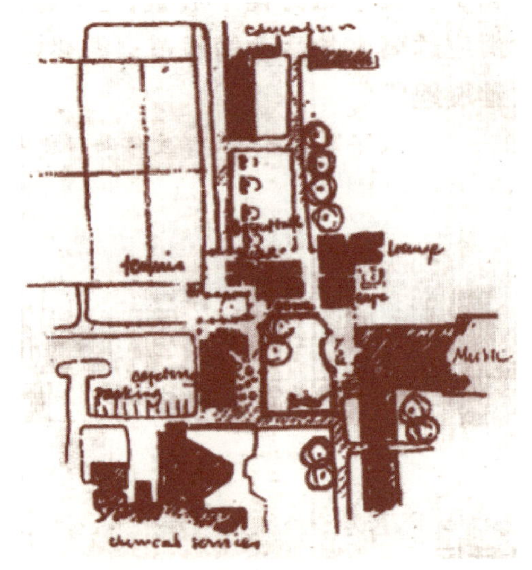

俄勒冈大学的一个活动中心方案

11. 近宅绿地

如果人们的工作地点跟大片的近宅绿地非常接近，他们就会经常地使用它，在那里逗留；但是哪怕是一段很短的距离都会打击他们这一积极性。

弗吉尼亚大学的近宅绿地

因此，在离大学每一栋建筑的 600ft 范围之内建一个户外绿色公园，面积最小不少于 60000ft^2，最窄的方向不少于 150ft。

数据见模式语言

12. 各系的结构

过分强调各系的个性会因为其建筑的孤立而导致知识的割裂。但是每个系的确要有自己的识别特征。

因此，给每个系一个易于识别的总部，但是将系里的各个部门分散在 500ft 半径的范围内，这样他们就可以跟其他系的各个部分相互连接。每一个部门都应有五个以上的办公室。

数据见俄勒冈文件

13. 400 人的系

如果一个系太大，学生和教职工就会变得疏远。那样不仅很难展开成功的项目，而且很难保持良好的教育环境。

因此要控制大学里每个系的规模。我们现在最佳的估计是每个系学生和教职工最多可承受 400 人。如果系的发展超过了这个限度，就应该分开成立新的系。

数据见俄勒冈文件

一个新系的发展

14. 系的空间

如果一个空间太拥挤或没有得到充分利用就不可能很好地运行。荒无人烟的空间和过分拥挤的空间一样不适合工作。

因此：给每个系大约（$160A+80B+55C$）ft^2 的使用面积，其中 A 为教师数量，B 为职工数量，C 为研究生和住在离大学 1mi 以外的本科学生的数量。实验室和教室必须单独建造。

细节和数据见俄勒冈文件

15. 地方行政

大学的行政服务通常过于集中：所有的部门都被强制性地安排在同一栋综合大楼里面；而实际上如果按照社区所要求的各种功能联系放置，各个行政部门可能会效率更高。

因此，将不同的行政服务部门独立放置，每一个尽量靠近其独特的社区的重点的中心（例如，管学生的系主任在学生会，咨询处靠近学生住宅）。绝不要建立一个巨大的行政区域来安排所有的服务部门。

数据见俄勒冈文件

16. 学生社区

如果宿舍太小，公用程度过高，就会显得压抑。但如果它们太大或者太私密，又失去了集体生活的意义。

因此：我们鼓励的模式是围绕公共的饮食和运动场所、30 ～ 40 个单元一组的、自主合作经营的住宅群。但跟宿舍不同的是，让每一个单独的单元都充分自主，有水池、厕所和轻便电炉，并且有独立的入口。

数据见俄勒冈文件

旧学生俱乐部，加州大学伯克利分校

17. 小型学生会

当校园中的一栋建筑被指明为学生区域，它所引起的感觉就是校园内的其他部分都不是学生的区域了。

因此，在整个校园建立很多小型的学生会——每 500 ～ 1000 名学生一个，而且从教室或办公室到最近的学生会应该不超过 2min 的路程。每一个小活动中心至少一个咖啡厅、休息室或阅览室，面积大约是 $2.5ft^2$，其中 N 为服务的人数。

数据见俄勒冈文件

18. 建筑群体

如果将一大群人塞进一栋巨大的房子里，人的尺度就消失了，其他人就不会再将那里的工作人员看作人，而是将整个部门看作一块没有人性的巨石，里面填充着一些“职员”。

建筑群体——加州伯克利，安娜·海德学院

因此：为了在公共建筑中保持人的尺度，我们将建筑做成小型的、高度不超过 3 ～ 4 层；室内总面积不超过 9000ft^2；每层面积不超过 3000ft^2。如果建成的小型建筑不止一栋，按照房屋相关功能，应将其看作一个整体，用拱廊、小路和桥梁连接。

数据见“不高于 4 层楼和建筑群体”模式语言

19. 内部交通区域

在很多现代的公共建筑和城市的很多部分中，方向感丧失的问题是非常尖锐的。人们不知道他们在哪里，所以他们承受着很大的心理压力。

因此，在安排建筑物时要让人们不仅有可能辨认出每一个建筑群的错综复杂的交通区域，清楚地标明每一个区域，使其有可以命名的显著特征；而且还要给每一层的交通区域设置一个有明确标记的入口。

数据见模式语言

◀交通领域的入口通道

20. 朝南的户外空间

只要不是在沙漠气候区，人们都会在晴天使用户外空间，如果不是晴天就不会使用。

因此：将要用的户外空间放在建筑物的南面；避免将户外空间放在建筑物的阴影中；不要用一条很深的阴影将建筑物和它的户外空间分隔开。

数据见模式语言

朝阳的庭院，威斯康星州，Spring Green，Talietin

21. 户外正空间

户外空间如果仅仅是建筑物之间“留下的”空地，通常是不会被利用的。

因此，要仔细摆放建筑物、拱廊、树和墙，使户外空间在设计中凸显出来。但是绝不要将户外空间的所有的边都围合起来——相反，应该让户外空间相互连接，这样就可以从一片户外空间看到另一片户外空间，而且还可以从不同的方向在它们之间走动。

数据见模式语言

户外正空间

22. 有天然采光的翼楼

现代建筑中过多的使用人工采光是非人性的；不用天然采光作为主要照明的建筑物不适合在白天使用。

因此，应将建筑物的宽度控制在 30ft 之内，并且用几个 30ft 宽的翼楼组成大型建筑。

数据见模式语言

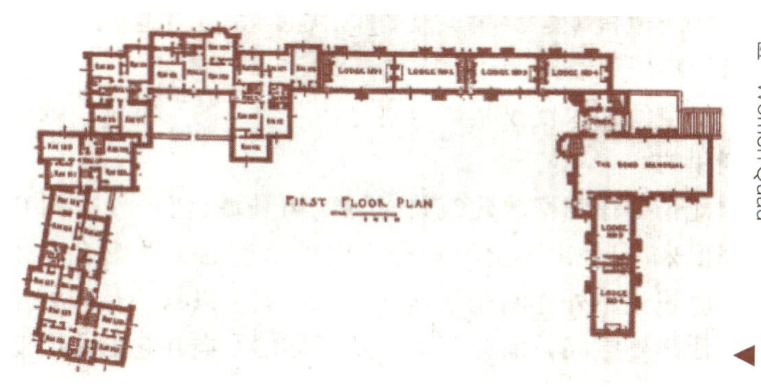

有天然采光的翼楼——Swarthmore学院，Women'Quad

23. 停车空间

随着大学的发展，停车场有将大学环境淹没的危险。但如果停车场太远，又会影响教学和学习。

因此，对于每栋有 N 个职员办公室、M 个工作站的建筑物，应配备 $0.25M$ 个临时停车场，距离建筑物 300ft，朝着跟大学中心相反的方向；以及 N（$0.67\sim0.57P$）个通勤停车场，距离建筑物 500ft，同样朝着跟大学中心相反的方向，其中 P 是指住在离办公地点步行 15min 距离之内的员工的百分比。

数据见俄勒冈文件

24. 小停车场

巨大的停车场破坏了供人使用的土地。

因此，可以修建容纳 8 ～ 12 辆车的小型停车场；如果有很多车需要更多的停车场，就沿着一条干线建一连串容纳 8 ～ 12 辆车的小型停车场，每一个停车场都用围墙、篱笆或者树限制和围合，从外面看不见。

数据见模式语言

剑桥的小型停车场▶

25. 自行车道和车架

自行车便宜、健康，而且对环境有好处；但是它们在主要的道路上受到了汽车的威胁；而在人行道上又会威胁到行人。

因此，按照以下比例修建一个道路系统，指明为“自行车道”：将自行车道用一种特殊的、容易辨认的表面（如红色的沥青路面）标示出来。自行车道往往同区内道路和主要的人行道一致。当此道路系统跟区内道路一致时，它的路面可以只是道路的一部分，并与道路平行。当它跟人行道一致，自行车道应与人行道分开，并低于人行道。自行车道系统和每一栋楼之间的距离应在 100ft 之内，并且在每一栋建筑物的主入口附近都应有一个自行车停车区域。

数据见模式语言

◀法国的自行车道

26. 地方性运动场地

如果一个地方像工厂一样运作，有着紧张的工作节奏，而且从来没有机会进行放松身心的娱乐，你就不可能在那儿得到良好的教育。

因此，在校园内安排运动设施，使每个地方到运动和休闲场所，如游泳池、体育馆、蒸汽浴室、网球场等之间的距离在 400 ～ 500ft 范围内。

数据见模式语言

地方性运动——篮球

27. 教室的分布

你有没有试过在一间可以容纳 70 ～ 80 名学生的巨

大的教室里面跟 10 名学生进行亲密的讨论？

因此，按照以下的方法建造教室：大学中一个部分的教室的总数与该部分教师办公室的数量成比例。在各个部分及整个大学，教室的分布按照以下百分比以座位数分类：

以座位数划分的教室种类	此种教室所占百分比
0～15	27%
16～30	35%
31～60	27%
61～90	4%
91～150	3%
151～300	3%
300以上	1%

数据见俄勒冈文件

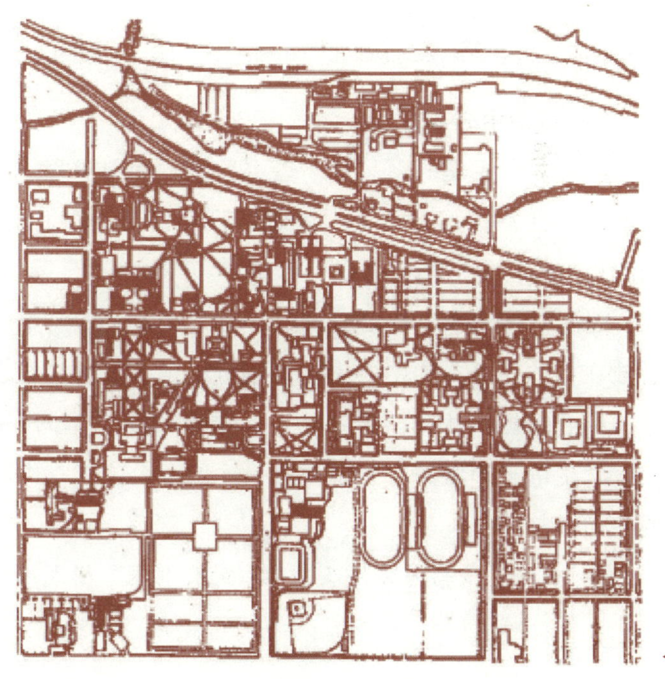

俄勒冈大学现有的教室分布

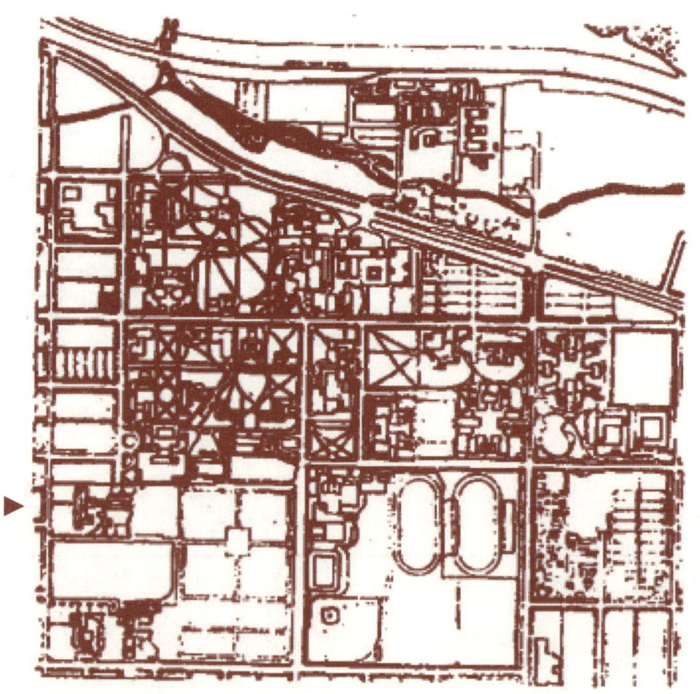

按照此模式的教室分布

28. 系的中心

如果一个大学的系只是一些办公室的简单堆积，而没有一个焦点，那么社区的感觉就没有机会得到发展；同时思想的自由交流也会变少。

因此，每一个系都要设置一个社交中心。把这个中心放在系的办公室的中心上，并临近一条大家的必经之路。中心里提供休息、邮件收发、咖啡、茶点、小图书室、学生信息等服务。要确保所有系的办公室都在中心的 500ft 以内。

数据见俄勒冈文件及“中心的公共区”模式语言

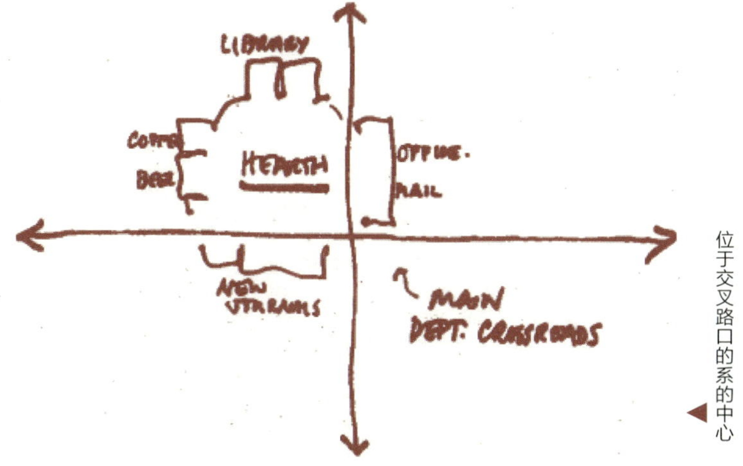

位于交叉路口的系的中心

29. 教师和学生的混合

如果在一个基本的社团中能够互相尊敬并有共同的兴趣，学生和教师就相互都能受益匪浅。没有发生在这种社团中不拘小节的接触的支持，教学和研究就无法繁荣起来。

因此，将学生的工作场所分为每 5 ～ 10 个为一组，簇拥在教师办公室周围。每一组有一个公共的入口和一块公共的空间，放上椅子、书籍、杂志、轻便电炉、会议桌及类似的东西。

数据见俄勒冈文件

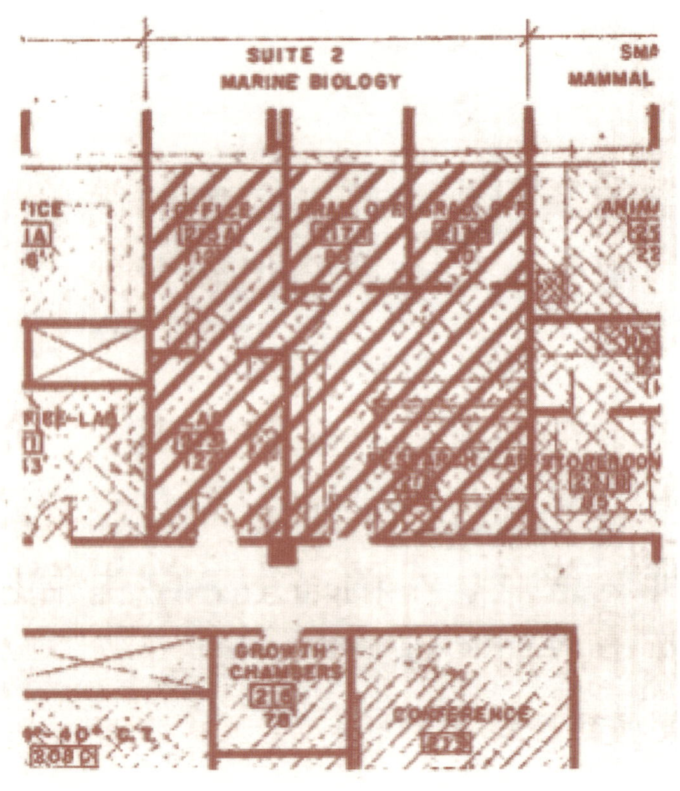

▲
俄勒冈大学正在建设中的生物实验室教师学生群

30. 学生的工作场所

大学生没有足够的私人工作场所。结果是学生必须在学生会学习，或者去图书馆，或者回家。大部分人真正要学习时都会回家，而这样就破坏了大学社区现实的学习优势。

因此，为每一个家和学校之间的距离超过 5min 步行路程的学生提供一个在学校的私人工作场所；每一个至少有 $25ft^2$。将这些场所安排在系里、图书馆里和其他学生聚集的地方。

数据见俄勒冈文件

31. 在咖啡馆真正地学习

同实验室和考场一样，咖啡馆、书店、电影院及小饭馆在教育和个人成长过程中非常重要。没有它们，大学就不是一个完整的教育环境。

因此，鼓励在大学里的繁华地段开办私有和私营的商店、饭馆、咖啡馆、剧院等，从而校园里的人和普通民众都可以前往。

数据见俄勒冈文件和“临街咖啡座”模式语言

剑桥，与国王学院相对的咖啡厅

32. 拱廊

拱廊的一部分在建筑物里面，一部分在建筑物外面，遮盖着建筑物边上的人行道，在团体界线和整个社会的互动过程中起着重要的作用。

因此，只要有小路从建筑物边上通过，就可以在小路上建造深深的拱廊，将建筑物内部的团体界线开放。逐渐将这些拱廊编织起来，直到在整个社区形成一个有遮盖的小路系统。

数据见模式语言

拱廊将公共生活和建筑物连接起来

以上简短的概要可以使读者对模式引导开发的能力和重要性有一些了解。我们现在讨论一下在俄勒冈大学提倡使用模式的具体步骤，以确保大量的大学社区不断地改进和增加模式。

重要事件如下。

（1）我们希望确定该社区可以使用发表的模式语言。

（2）我们希望确定模式正式成为规划和建筑的原则。

（3）我们希望确定存在一个机制，使新的模式可以引入，而不适当的模式可以被更好的模式所取代。

（4）我们希望确定有一种方式能够保证模式因为经验主义的体验和观察而逐渐改进。

为了达成这些目标，我们在俄勒冈大学所使用的具体步骤，都依照了以下原则。

模式的原则：所有的设计和建筑都要由一些通用的

规划原则，即模式的汇总引导。为了达到这个目的，设计小组应该通过删除或是加入模式更改已经发表的模式语言，以适应当地的需要；那些对社区具有全面影响的模式都应该被规划管理委员会代表社区正式采用；这些被正式通过的模式汇总后应该每年在公众意见会上进行评价，有了日常观察和生活经验的基础，社区中的任何成员都可以推荐新的模式或是修订旧的模式。

下列细则可以更精确地描述这个原则。

（i）设计小组应通过删除或是加入模式更改已经发表的模式语言，以适应当地的需要。

为达到这个目的，最基本的就是要把有整体性的模式和细节的模式区别开来。那些整体性的模式对社区有整体的影响，但是只有在几十个甚至几百个不同的方案的共同努力下，才能分片实现。它们包括关于开放空间、密度和行动的模式等。那些细节的模式是指可以在单一的建筑方案中实现的模式。它们包括有关单独的房间、门、窗户、房屋建筑等的模式。

《建筑模式语言》包括整体性的模式和细节性的模式。为了让这些模式语言与社区的需求相适应，我们建议规划人员按照我们在本章开头部分提到的方法修改整体性模式，然后将方案提交到规划管理委员会，以期正式使用；另外，我们建议按照规划人员的主动性，以一系列的，在已发表的模式上附加的细节性模式对原有的细节性模式进行更多的非正式的修改。

正式使用的整体性模式在规划人员的文件中可以保

持更新。然后它们就可以作为一种程序提交给任何一个提出方案的使用者。

细节性的模式不必正式采用。但是，我们建议无论规划人员做过何种修改和添加，细节性模式也可以在开始设计的时候提供给使用者团体和后期雇用的做细节设计的建筑师。所以，我们可以想象，无论是建筑师还是使用者团体，在实现使用者的设计时，都会按照不同版本的模式工作，或者是完全按照已发表的模式语言，或者是修改过的模式语言，而且使用者和建筑师可以运用该模式语言设计出他们的建筑中最细微的细节。

（ii）那些对社区具有全面影响的模式都应该被规划管理委员会代表社区正式采用。

每一个模式都是一份好几页长的文件，并附有论据和不同意见，哪怕只是讨论一个模式都会耗费很多时间；所以在公开会议上一次性地讨论 30 个模式几乎是不可能的。因此，规划管理委员会最好将评价模式的任务布署给一个下属的委员会，整个规划管理委员会只讨论那些有疑问的模式。

这就是俄勒冈大学所进行的程序。经过下属委员会的仔细考察并推荐，规划管理委员会接受了本章前面概述过的 32 个模式。

（iii）这些被正式通过的模式汇总后应该每年在公众意见会上进行评价，社区中的任何成员在那里都可以推荐新的模式或是修订旧的模式。

规划管理委员会答应每年正式地讨论这些模式。在这个讨论会上，校园社区的成员可以推荐新的模式，旧的模式可以被修改，那些被经验证明是错误的模式可以被拿掉。

为了阐明这个过程，我们举一个实例。一个使用者团体研究了一个新的关于儿童保育的模式，然后把它们正式推荐给规划管理委员会，以期列入被接受的模式中。

迈克尔·谢伦伯格和帕米拉·高德，建筑学院的两位教师和他们的几个学生，考察了几个已有的托儿所，发现它们数量不够，父母要工作、上课的年轻家庭的数量比这些中心的承载力高出很多。他们还发现有很多教师和学生认为如果把这些托儿所适当统一管理，学校会因为有孩子的出现而获益。

这个小组以一系列校园儿童保育模式的形式拟定了他们的结论，这些模式推荐了一系列托儿所基地覆盖整个校园，每个托儿所容纳 20 ～ 30 个孩子；每个中心都有一个室外游戏场地和学校的日常户外生活相交融：只需要在边界设置可以坐的矮墙和桌子，就可以给孩子和社区建立一个集会的场所。

这些模式被推荐给学校，谢伦伯格和高德要求把它们列为校园管理模式的一部分。写这本书的时候，提议已经放到了规划管理委员会面前，在下一轮关于新模式的会议上它们将被讨论和投票。

（iv）*在日常生活的观察和体验的基础上，规划管理委员会应该仅仅接受新的模式或者修改过的旧模式。*

是否继续使用一种模式，取决于它是否能够解决所处理的问题。因为我们对这些问题的理解总是很粗浅的，而问题本身又在不断地变化，所以模式都要不断地改进。自然，当一个社团理解了模式的实验性的特点，就会对它采取开放的、实验性的态度。为了鼓励人们这样做，规划人员已经开始简单地描述每一个模式的重要实验。一旦这些实验被公开，他们就会邀请人们来测试并改进这些模式。

以下是两个例子。有一个模式——学习生活区，说学生住宅应该放在学术建筑群中。可是学生真的愿意住在校园内吗？如果是真的，又有多少学生愿意这么做呢？而什么样的环境才能使这种住宅有吸引力呢？为了解决这些问题，我们进行了一些控制性实验。一些学生从事了这些实验并且收集和分析了数据。他们发现所有学生中有25%愿意住在校园内。这比我们期望的人数少。但他们也发现，当四个不同的住宅地址展现在他们面前的时候，这些选择住在校园内的学生多半选择了与各个系的大楼混在一块的地方。

另一个模式——教室的分布。这个模式来自于一个特别明显的想法，即会议室、教室和演讲厅应该配合社团的团体聚会分布。我们进行了直接调查：按照团体聚会的规模将校园内所有的学术聚会分类：它们的统计分类是什么样的？调查由校园规划人员霍尔·内泊处理。内泊发现，令人震惊的是，大多数的课程都只开设给5个、10个或20个学生，而大部分教室都是为30～150人的团体所准备的。这个简单的发现完全改变了现在的建筑项目，而且让以下模式极具说服力：将大多数教室和实验室建成容纳小型亲密讨论的场所；只有在急需的时候才逐渐地建设大教室和演讲厅。

我们建议规划管理委员会邀请学生和教师对已采用的模式设计重要的实验，并且将这些实验公开。这一活动可以鼓励他们将这些实验当作单元研究或者论文研究等。关于每一个模式的实验记录可以作为公开的文件或者在报纸上发表。然后逐渐地，就可以用一连串的研究和实验来控制每一个模式，而且修改的权力控制在社区手中。

CHAPTER Ⅴ. DIAGNOSIS

第五章

我们现在回到总体规划的原始目的。总体规划的目的是建立整体秩序。它通过设计未来蓝图来实现这个目的。我们已经表明这种程序存在致命的缺陷；我们也已经建议用分片式发展来取代总体规划，建设过程中增加的单体建筑由使用者自行设计。

但是我们还没有解决总体规划所要解决的问题。如果没有总体规划，整体秩序从何而来的问题还没有得到澄清。

《建筑的永恒之道》一书已经从理论上描述过这个问题。如果建筑采用的每种模式构成更大规模的模式的一部分，那么成千上万的小规模建造行为就可以形成更大规模且具有全局性的秩序。在本章中我们要集中讨论这个将抽象过程付诸实施的实践工具。

正如我们在第二章中所提到的，假定设计过程得到了教员、学生和职员的广泛参与，并且假定学校财政能够负担每年产生的大量小项目，如同第三章的分片式发展原则所述。最后我们假定社区已经采用了第四章所列的 55 种模式作为他们的设计方针。

这些行动将对校园环境造成什么样的综合影响？未来的 20 年里它们能否创造一个了不起的校园？或者它们

会造成一团混乱？我们如何才能肯定成百上千的分片的设计能够逐步形成贯穿整个校园的整体秩序？

为了使得问题尽可能具体化，这里举四个例子说明由于规划过程中使用者建议的项目或多或少带有随机性，分片式规划过程在该种情况下可能失败。

（1）威廉密特河贯穿俄勒冈大学，但是河岸被一条公路、一道铁轨和一道护栏隔开，人们无法接近它。需要采取相应的补救措施以改善这种情况。但这是一个复杂的项目，占地巨大。假如没有使用者团体对此表达兴趣，是否河岸仍将长年保持这种无法进入的状态？

（2）假设贯穿学校的自行车道基本完整，但是整个系统缺少一个关键的连接。由谁来建设这个连接？如果无人实施这个项目，情况将会怎样？

（3）由模式可能推导出俄勒冈大学必须向西北方向发展。但是推导出这个结论的讨论很复杂，而且单个项目的团队不太可能自己做出这个推论。一旦做出推论，如何记录？如何与使用者沟通？

（4）我们的模式经验使我们相信，沿着狭长的步行街建立小规模建筑物系统的最佳途径，是综合大学的街道、近宅绿地、建筑群体、活动中心、有天然采光的翼楼和户外正空间等模式。街道围绕绿地交汇于活动场所。但是使用者团体可能不具备与我们相似的经验，因而无法轻而易举地把这 6 个模式综合起来。如何记录我们的经验并使之能为需求者所用？

这四个例子很清楚地表明有使用者参与设计的分片式规划过程很可能无法产生校园环境需要的整体秩序。本章中我们会提供解决这个问题的途径。

我们提供的途径几乎是从本质上解决了这一问题。因此我们从机体的角度开始探讨这个问题及其解决方法。当机体增长时，其中不同部分生长的上百万各不相同的细胞如何才能形成统一的整体，并且使机体的整体结构和机体的组成部分一样秩序井然？这个问题也许是生物学中至关重要和最为艰深的问题。以下原因说明了这个问题。我们再一次来看一个分片式发展的过程。很显然机体以形成统一整体的方式引导分片式发展。但是同样显而易见的是，这种方式绝不同于总体规划。这里当然不存在留有上百万个预设位置的巨大蓝图，而且蓝图可以根据预先设定的规划安置每个新细胞的确切位置。机体仍然在分片过程的推动下整体生长。

在机体中这个问题是如何得到解决的呢？从本质上说是诊断和局部修复的过程解决了这个问题。

从生命的最初阶段开始，机体不断检视自身的内部状态，更精确地说是辨别出机体中临界变量超出允许范围的部分。我们称之为诊断。诊断的后续反应是机体开启增长过程以修复这种状况。可以肯定地说，增长过程的大框架由内分泌系统控制。内分泌系统在这个机体中生成各种化学区域。各个区域有各种不同浓度的荷尔蒙。这些区域一起引导细胞水平的生长细节，就形成了生长区。

生长区通过化学手段刺激机体内特定部分的生长并且抑制其他部分的生长。在发生生长的区域，细胞增加。生长区域中细胞的具体构造主要由遗传密码控制，每个细胞都携带着遗传密码。这个过程严格控制细胞发展，安排细胞生长、分裂、变化和衰老。更具体地说，这个过程是由遗传密码和细胞生长区域的化学物质相互作用控制的。这不仅保证了细胞的局部构造本质上的适应性，也保证了与整体的正确结合。

现在我们知道机体的整体秩序由两级控制。首先，生长区域创造生长的条件，决定生长发生的位置。其次，细胞内携带的遗传密码控制生长位置上细胞的局部构造，它通过与生长区域的相互作用发生改变。

这个过程不仅修复损伤或患病的成熟机体，而且负责引导胚胎初期的生长。这样由该过程负责成熟机体的形态形成，而不仅仅是在机体最终完成后进行修复和维护。简单来说就是机体的整体原始秩序的产生过程和机体成熟后的诊断和修复过程完全相同。这使得成熟机体保持稳定。

我们建议以几乎完全相同的诊断和修复过程为手段来解决大学整体秩序的问题。我们来仔细研究这个过程。校园环境的每个部分都能够成功解决内部重复发生的问题。例如，一个系馆可以成功解决人数规模、公共聚会场所和舒适工作空间的问题。如果感觉过大、没有中央壁炉，或者教室和办公室不够舒适，系馆将不会成为生存空间的实体。由模式将这些需求变为现实。当 400 人的系、系的中心及教师和学生的混合这些模式呈现在学校系馆中时，系馆环境将大大优于缺少模式的情况。

一旦学校采用了一系列的模式，就可以在模式中止的区域进行环境研究和标记。我们可以断定何处存在模式，何处缺乏模式，从而按照模式逐项诊断校园的整体环境。我们可以在四色草图上勾画出对每种模式的诊断。草图上的四种标记分别是黄色阴影、橙色阴影、红色阴影和红色斜线，它们简要描述环境的“模式状态”。黄色表示存在模式的区域并且疑难已经得到解决，区域无须再做更改。橙色表示模式基本存在的区域，但是有些地方需要修复。红色表示实质上不可使用的区域，即使其中存在某种形式的模式。这些区域需要进行根本改造。最后红色斜线表示区域中根本不存在模式，因此其中的问题只有在模式建立以后才能得到解决。

这是一张户外正空间的诊断图。

黄色覆盖的区域代表良好的阳面室外空间；空间的围合程度和开放程度恰到好处；模式中讨论的难题已经解决。这些区域必须保持原样。橙色区域表示其户外空间需要稍事修改才能完全符合模式。这些区域或是围合过度，或是围合不足，但是外形良好，树木、篱笆、墙体或建筑足以构成完美的模式。实心红色区域是需要做更大幅度改造的开放空间。由于位置、入口或者其他地方存在严重问题，空间根本无法使用，需要做彻底返工。完全可以考虑将它们用于其他用途。红色斜线部分表示校区中出现了模式中所列的问题，并且问题无法得到解决，因为这些区域中根本没有开放空间。

这张图以及其附属的说明为户外正空间定义了天然的发展空间。如果黄色区域不做改动，橙色区域稍事改进，红色区域彻底改造，红色斜线区域赋予全新的户外正空间，那么户外正空间这种模式将逐渐得到修复和发展，直至整个校园的户外空间为模式所控制。以此类推，综合 55 种模式的诊断图，将确定整个校园环境的全部生长区。

但是仅有这些诊断图还不够。为营造整体健康的环境，我们需要一张概括 55 种模式图的组合图。这张图包含我们所知的环境状况的细节，使用者通过浏览可以很容易获得他们的项目的有关信息。我们来研究俄勒冈大学诊断组合图的一角。

俄勒冈大学的一部分，西北角诊断图

如同机体中的监控过程，组合图指导环境的修复和增长。它向我们表明哪些空间处于相对良好的状态——例如，位于中心的开放空间现今使用状况良好，所以被标记为黄色，必须保持原封不动；同时它也表明哪些空间需要稍加修改——例如，建筑中南北向潜在的校园道路被标记为橙色，表明需要对它进行小规模改造才会形成功能完善的“大学的街道”。这张图表明了哪些是偏僻而且毫无作用的区域——图中两条主干道之间的三角形开放空间被标记为红色，因为它丝毫不起作用。这张图还表明何处需要建立模式——例如，红色斜线标记的道路需要自行车道。简单来说，该图设立了校园社区的整体生长区域。

在制作诊断组合图的过程中需要明确一个重点：组合图不可完全照搬单个模式图。模式图经常是不完整的，至多只是对环境的优劣做些粗略分析。如果组合图完全照搬模式图，我们会“失去”修复环境的感觉。这些感觉可能是浅显的，也可能是复杂的。例如，我们发现剧院通风情况很差，夏天录音间完全不能使用，需要空调系统。但是我们在书中没有提到可以采用的空调系统模式。如果我们照搬模式分析图，我们会丢失这条信息。或者发现一个开放空间具有所有的模式，但依然显得冷漠无情、毫无生机。我们知道它有某些需求，但确定不了是什么需求。同样，如果我们照搬模式分析图，我们将失去这种感觉。

这不是简单地根据感觉创造模式能解决的问题——虽然这有好处并且应该这样做。但事实上经常会有这样的感觉：我们对环境的生机的感悟常常比当前的模式集合要好得多。我们应该把这些直觉自由地加入诊断图中。

诊断图在表面上和传统的总图很相似。但是二者差别巨大。传统的总图告诉我们在未来什么是正确的。诊断图告诉我们现在哪些地方存在问题。典型的总体规划图和诊断图所描绘的细节在数量上也大不相同。总图确定区域中应该采取措施的大框架，只有少量细节，因为它只表达正面的效果。诊断图只表明存在的问题，因而可以用无数的细节来表现针尖大小的错误：暗处下的座椅、被践踏的鲜花、过于局促的房间、挡住必要景观的墙体、缺乏必要光照的小径。在诊断图中所有这些都可以详细标明。而且根据诊断图中的细节，新建筑的设计决策者获得的自由度要比根据总图工作时大得多，因为诊断图唤醒了设计者的想象力，激发他们消除当前种种不良状况、创造改变现状的通途的热情。

最后是一个历史文件。我们已经说过这种过程非常近似于诊断的思想。这种思想在中世纪意大利自由城邦创造整体秩序的过程中扮演了重要角色。约翰·拉那在《意大利文化与社会 1290—1420》（查理·史莱伯纳父子出版公司，纽约，1971）一书中指出，这些城邦的机体特征不是偶然产生于“形态关联的本能感觉”，而是产生于一个非常明确的规划过程。过程建立在“法令”和“法规”的基础上，这一点类似于我们的模式，市民团体对城市的年度评估类似于我们的诊断。按照法令的精神，设计增加的项目由市民团负责。

锡耶那1290年草拟的《道路监管条例》包括大约300条与城市发展相关的法令。它规定对众议会负责的委员会每年5月初必须对它管辖的分支进行检查。在5月的第一周或者第二周，委员会草拟下一年度的建设规划。例如，1297年5月10日委员会制定了不超过18条法规。18条法规中，3条用于大教堂工程，2条涉及中心广场周围的私人宫殿的情况，2条涉及过街楼，关于井屋和厕所的有4条，还有7条关于道路的拓宽和铺设的规划。委员会还申请了划拨给建设公社宫殿使用的4000英镑年度预算，讨论了新的洗礼池的规划，举行了一个新的饮水和水井监管委员会的就职典礼……委员会成员通常是普通市民而不是建筑专业人士。丹特为佛罗伦萨委员会工作，他在任期内参与了通过San Procolo的扩展规划。

应该采取必要的实践步骤确保学校保持年度的诊断作为规划过程的核心。实践步骤的原则如下。

诊断的原则：年度的诊断将保护整体的良好状态。诊断详细说明了在某个特定时刻社区的空间状况是生气勃勃还是死气沉沉。在这种情况下，与独立空间使用者共同工作的规划专职人员需要为整个社区准备一张年度诊断图；在一系列的公众听证以后，这将是一张规划管理委员会可以正式采用的诊断图，最后成为每个项目发起人都可以采用的印刷品。

下列细节将更为精确地描述这个原则。

（i）与独立空间使用者共同工作的规划专职人员需要为整个社区准备一张年度诊断图。

我们建议由校园规划专业人员负责校园年度诊断。诊断采用单张大图的形式（也可以分几张），每个被正式采用的模式附一张独立的诊断图。如果专业人员得到校园中每个邻里确定的使用者团体的帮助，其诊断将更为准确。他们甚至可以将诊断图某些部分的制作分派给感兴趣的团体。但是，诊断图最后的准备工作应该由专业人士负责。

第一年的整个诊断图肯定会全部由草稿做成。以后几年中前一年诊断图的大部分会保持完整，诊断图可以在修改和更新上一年图纸的基础上完成。

（ii）**在一系列的公众听证以后，这将是一张规划管理委员会可以正式采用的诊断图，最后成为每个项目发起人都可以采用的印刷品。**

规划专业人士向规划管理委员会展示年度诊断图，诊断图在讨论和修改后被正式采用。因为诊断图的采用对于每年的建筑进度表至关重要，所以展示会议应该包括一个充分听取意见的公众听证会，听证会上社区的任何成员都可以对诊断图提出修改建议。

如果诊断图得以正式印刷发行，再刊登在社区新闻报纸上，并张贴在公共区域，就可以让校园社区的每一个成员在处理普通校园事务时看到它，它将更好地为社区服务。由于诊断图不断出现在社区成员面前，他们有很好的机会更为关注身边的环境，从而发现哪些地方无法正常使用，并提出修复缺陷的项目。

CHAPTER Ⅵ. COORDINATION

第六章

协调

现在我们可以想象，在未来的二三十年中俄勒冈大学出现的整体秩序。如同本章的题目所指出的，这个秩序依赖于协调的过程，这个协调的过程使用了中央预算机制来保证付诸实践的项目，这有助于社区中有机秩序的形成。这个秩序还依赖于协调过程的透明化与公开化，这个过程能够鼓励使用者团体在更大、更平等的感觉中提出对社区有益的项目。

然而，我们必须重复强调我们在前言中所指出的：集中预算控制下的协调过程并不是形成社区有机秩序的比较妥善的方法。更坦率地说，任何一个集中预算都不可避免地带有集权主义因素。我们在其他著作中一再强调这个观点，真正的有机秩序只有在如下情况下才能形成：个体行动不受束缚，依靠共同的责任感协调而不是依靠强迫和控制。

简单来说，我们认为完美的有机秩序是由有责任感的无政府主义者这一类人所创造的。无政府主义者的建筑行为是出于自身意愿，受到个人利益的驱动为更大社区的利益而工作，它不是在集中的财政控制或者是法律控制下强迫产生的。

显然，这种社会形式在任何有集中预算的社区中都是不存在的。因此我们现在所描述的过程不尽完美，因为我们现在所处的环境是一个并不理想的集中预算环境。

由于上述警告，我们陈述协调的原则如下。

协调的原则：有机秩序的逐渐形成总体上是由预算划拨过程来确保，预算划拨过程规范使用者提交单个项目流程。在这种情况下，任何寻求建造资金的项目都必须以通用表格的形式提交到规划管理委员会。该通用表格描述了项目与当前所采用的模式和诊断的关系。规划管理委员会通过召开听证会确定任意预算年度申请资金项目的资金划拨优先权。在听证会上确定项目与社区采用的模式和诊断的相关性。必须清楚了解获建项目规模可大可小，不同大小的项目不会竞争资金。

首先我们将更为精确地描述原则的细节。在本章也就是本书的最后一部分，我们将介绍一则实践范例，演示该原则如何引导学校社区有机秩序的形成。

（i）任何寻求建造资金的项目都必须以通用表格的形式提交到规划管理委员会。该通用表格描述了项目与当前所采用的模式和诊断的关系。

学校规划管理委员会　　　　俄勒冈大学
尤金，俄勒冈

项目申请表

封面

项目名称:

使用者团体组（项目组名称，成员姓名及职务，所代表使用者人口）:

日期:

附在封面上的项目建议描述不得超过5页。依照如下标题描述项目。

1. 基本问题：项目组将要解决什么基本问题?

2. 建议：提交项目的概要描述——所处位置、新建还是修理、与周边环境的关系，用草图简要描述项目。

3. 模式：展示项目的可取之处及其与学校采纳模式的关系。

4. 诊断：项目如何处理与当前诊断图的关系，尤其是项目如何改善周边环境的状况。

5. 投资规模：项目大致的投资规模。

6. 资金：项目的资金来源。

项目申请表

任何一个使用者团体的成员必须通过填写下列通用表格将项目提交到学校，通过该表格说明所提交项目的设计、投资规模、预期的资金来源，以及项目与所有正式采用的模式和诊断的一致性及冲突。无论其投资规模和资金来源，所有的项目都必须遵从这一过程。

虽然这种程序略为显得有些官僚主义，但是我们认为无论项目的类型如何，对于每一个项目这一程序都是必要的。寻求正式批准的项目和寻求资金的项目，都必须使用同样的表格。这样规划管理委员会的成员才能按照标准来评判不同的项目是否与给定的模式及当前的诊断相符合，并且能够一视同仁地比较不同的项目。

我们需要强调的是，无论资金来源如何，任何一个单独的建筑或者规划项目都必须采用这种表格来描述，并且必须通过管理委员会的批准才能获得建造许可和资金。例如，和校园的基本维护相关的项目或者学生宿舍的改造工程目前都可以省略通常的规划过程，而且由于绿化种植及房屋供给都有预算资金，这些项目不需要向学校申请资金，但是都必须采用上述表格进行提交。空间的重新分配以及现存空间的修复也同样必须采用上述表格进行提交。

目前俄勒冈大学有大量的小项目并没有通过校园规划委员会批准，因为它们依靠内部维护基金、住房基金或者其他特别基金管理。但是我们再三强调，尤其是在“分片式发展”和“诊断”这两章中，这些局部的小项目对推动社区有机秩序的形成起了极大的作用。如果这些小项目没有对环境的整体性作出贡献，不符合已经采用的整体模式，那么剩余的大项目也无法形成有机秩序。

（ii）规划管理委员会通过召开听证会确定任意预算年度申请资金项目的资金划拨优先权。

在一个给定的预算周期，规划管理委员会集中所有通过上述表格的形式提交的项目，分配项目资金划拨的优先权。项目提交的截止期及资金划拨听证会的日期必须非常公开化。规划管理委员会将秘密地确定暂时的项目优先权顺序，然后将暂时的项目优先权顺序提交到资金划拨听证会，在听证会上各个项目的支持者及反对者将对暂时的优先权顺序进行质疑，最终在辩论和质疑之后，管理委员会在听证会上确定最终的优先权顺序。

（iii）在听证会上确定项目与社区采用的模式和诊断的相关性。必须清楚了解获建项目规模可大可小，不同大小的项目不会竞争资金。

判断项目的标准是社区的模式语言及当前的诊断图，实际上，管理委员会负责将资金划拨的优先权给予那些包括使用模式的项目，以及被发现对修复诊断过程的缺陷有所帮助的项目。我们假设听证会是公开的，由于这些项目的优缺点将被公开解释和评判，公众得以听取辩论，可以提出自己的观点并对管理委员会的决定表示支持或是反对。

当然，项目也必须与分片式发展的原则保持一致，这也是评判的标准之一。在这种情况下，我们建议只在大小规模相当的项目中进行判断和比较。如此将产生一系列优先权列表，每个列表针对一个预算目录。一个相应的项目申请只与在相同预算目录中的其他项目竞争资金。每年每个目录中都会有项目获得资金，这也是可以理解的。

优先权列表中有一个列表必须按年度多次审核，这就是资金规模小于1000美元的项目列表。这是为了在公众对于小项目的热情尚未减退时开展项目建设。委员会也必须非常迅速地对列表中的项目进行审核，因为这些项目实在是太多，无法对所有项目进行详细审核。例如，这也意味着：一位教员决定改造办公室，打通墙面连通户外空间，建造露台或者阳台，为小型研讨会购置家具及装饰美化环境，所需总金额不超过500美元，只要克服少许程序上的困难就可以获得资金。当然，如果这样的小项目受到年度正式审核的影响，其自发性将会被压抑，而自发性是其最有价值之处。

协调原则是我们推荐的 6 个原则中的最后一个。第六个原则概括了前五个原则，并给出了建立有机环境所需的管理上的最后细节。现在我们可以通过范例来描述这 6 个原则是如何运作的。首先我们将展示一个单体项目；然后我们将模拟数以百计的单体项目相互影响，在未来的 30 年里共同发展。我们将看到在这 6 个原则的指导下数以百计的项目相互协调，它们可以保证经过若干年，校园社区将几乎不可避免逐渐成长为一个日益壮观的整体。

作为单体项目的例子，我们选择一幢行政办公大楼作为范例。在本书写作的时候，基本上所有的行政办公室都集中在一幢古老的木制建筑——绿玉综合楼中。整个建筑已经破旧不堪，有些部分已经无法再修复。空间狭小，有些办公室过于局促，办公极为不便。另外，许多周边环境的重要需求无法得到满足：各个办公室之间相互联系很不方便，许多办公室与其所处的社区关系淡漠。校园社区关于新建行政办公大楼的呼声日益高涨。

我们设想行政职员组建项目组启动该项目。

项目组的任务是就行政办公大楼提出初步建议提交到大学规划管理委员会。第一步是详细审视现状，调查现存的建筑并研究目前的诊断图，详细审视的结果就是一个建造纲要：用地需求的描述、建议的用地类型及现存建筑可保留部分及重建部分的标示。

以这个项目纲要为参考，项目组完成设计。逐项地将模式应用到建筑中去。在规划专职人员的帮助下设计逐渐推进。项目组制作一套概略草图以记录他们的设计思想，示意性设计的成图将包括旧建筑及地面的修复和改造规划，以及新建筑的规划。然后这个建议将被提交到规划管理委员会。

为使项目在同样规模的项目中更具竞争力，同时确保当前使用的模式及诊断图被认真对待，他们必须按照上述标准格式来提交项目。

学校规划管理委员会　　　　俄勒冈大学
尤金，俄勒冈

项目申请表

封面

项目名称：行政办公大楼

使用者团体（项目组名称，成员姓名及职务，所属使用者团体）：我们项目组共有7位成员：……5位来自行政职员，一位学生及一位校园规划办公室成员。因为本项目的设计已经达到详尽的程度，我们将把项目分散到相关的利益组群。

日期：1971年5月10日

项目申请表不得超过5页，依照如下标题描述项目。

1．基本问题：项目组将要解决什么基本问题？

2．陈述：提交项目的概要描述——所处位置、新建还是修理、与周边环境的关系，用草图简要描述项目。

3．模式：展示项目的可取之处及其与学校采纳模式的关系。

4．诊断：项目如何处理与当前诊断图的关系，尤其是项目如何改善周边环境的状况。

5．投资规模：项目大致的投资规模。

6．资金：项目的资金来源。

以下是一张模拟表格，模拟使用者团体填写行政办公大楼项目。

第一页

1．基本问题：该项目的启动是基于以下三个基本问题。

a．现存设施的修复：当前设施急需修复。绿玉综合楼大约有一半被学校建筑师评定为无法修复。需要新建建筑物取而代之。

b．现存设施的组织：部门间存在必要相互联系的办公室组织不当。直接处理社区事务的办公室远离社区的日常生活。

c．发展：目前各办公室的工作空间非常狭窄（基于权威的数字），因此本项目还包括新的发展规划，作为办公室的修复、更新和重组的补充。

2．提议：我们建议绿玉综合楼的南半部分全部更新，北半部分由新的建筑来取代。新的建筑群将为三层楼高，由小的建筑体组成，分列第十三大街两侧由东向西排列，位于艾尔伯大楼和绿玉综合楼之间。各个建筑的二层楼由过街拱廊相连，在沿街的一层，社区行政办公室形成了“商业街景”。建筑开口背朝大街面向开放空间，南面面向绿地，北面面向广场。在街道西端与科学馆的附属楼及学生会办公楼之间共同形成一个广场，下图概括了我们的提议。

第二页

3．模式：以下的模式在我们的项目建议中扮演了重要角色：大学的街道，活动空间，公寓，小办公室，小型学生会，小停车场，内部交通区域，拱廊。

下列图表显示了我们的设计发展经过，标明了模式及它们在设计中所起的作用。

公寓、有天然采光的翼楼、办公楼结构

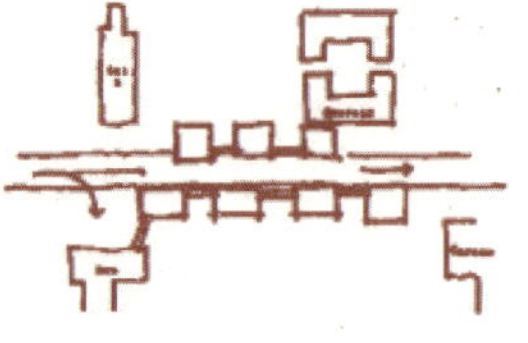

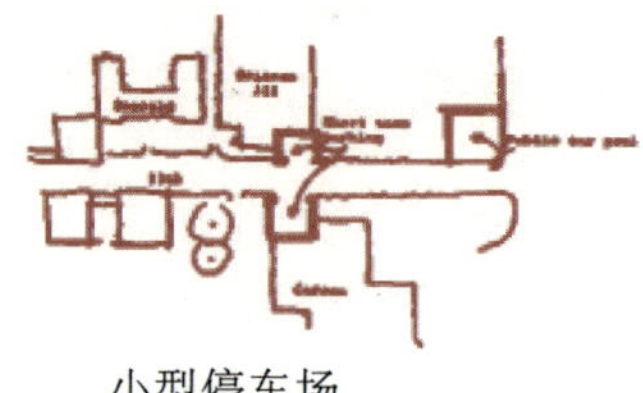

小型停车场

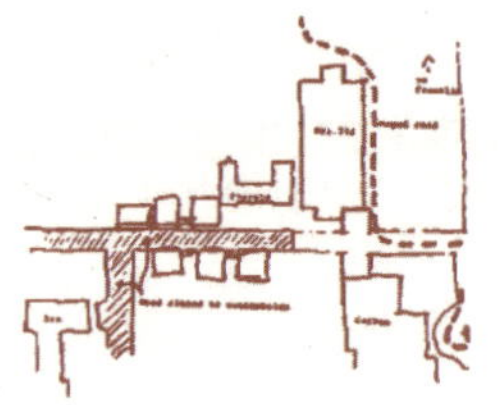

区内弯曲的道路、人车共行道路、丁字形交叉

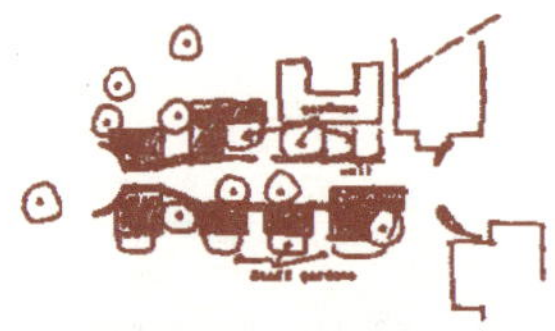

近宅绿地、户外正空间、朝南的户外空间、公共聚会广场、树荫空间、建筑边缘区

拱廊、人行道、户外楼梯

第三页

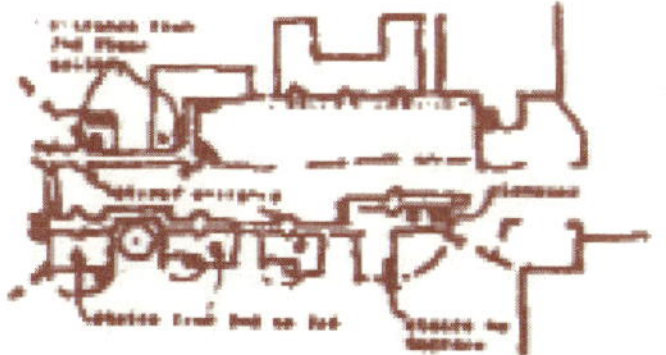

内部交通区域、各种入口

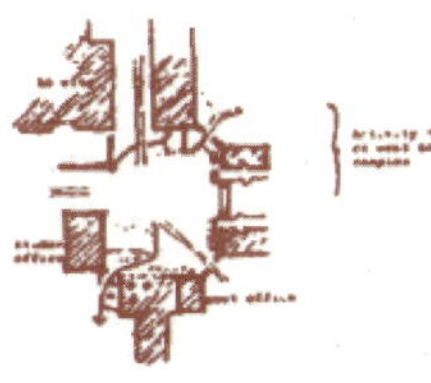

小型学生会、
活动中心

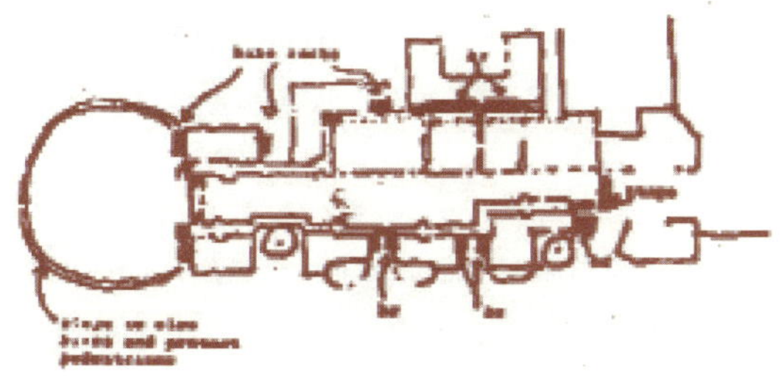

自行车道和车架

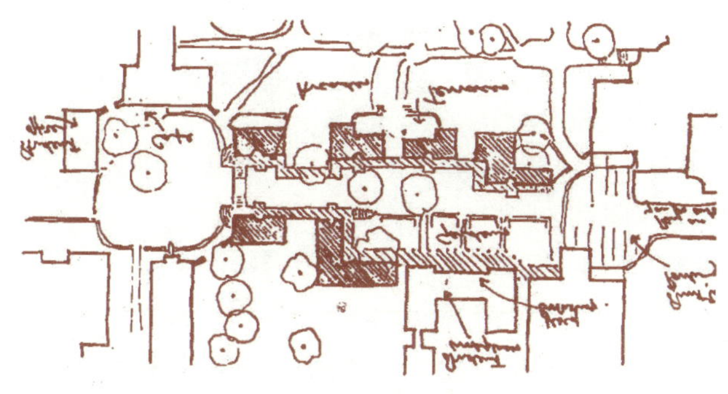

最终成图

第四页

4. 诊断：对于当前的诊断图集，我们的项目建议在以下方面改善了区域空间。我们扩充了学校街道，是第十三大街的延伸。我们完成了局部的绿地——卡森庭院和科学广场。我们建立了连接学生会的小广场作为区域内的聚会场所，我们的项目还包括对旧有建筑的修复。其中包括 2000ft^2 的学生工作间和学生掌管的图书交易小店。

我们的设计中没有包括委员会认为急需的模式：学习生活区和街道北侧的朝南出口。

学习生活区：分片式发展的限制使得项目非常紧张，如果建立学习生活区，楼层将加高；而且附近的卡森公寓有一部分用作学生公寓，我们认为学校的这一部分已经包括足够的公寓面积。

停车场不超过用地的 9%：我们没有改动本区域内的任何停车位，而且我们还在东面修建了 2 个小的停车场。我们认为这种规模的项目中包括 1 个大的停车场规划是不适当的，除非学校停车管理委员会在校园的每个部分都建立停车责任区。

朝南的出口：只有北面的建筑没有遵循这种模式，然而建筑将有助于确定和改善科学会馆的特性，而且建筑朝南的边缘被开辟为可用的空间，因此我们认为这种规划是适当的。

5. 投资规模：目前构思的整个项目提供了大约 59200ft^2 的空间，项目投资规模（包括绿玉综合楼的修复）大约在 1600000 美元。

6. 资金：我们建议综合基金对项目进行投资。

接下来我们将展示整个俄勒冈大学社区在 30 年中逐渐发展的模拟过程，模拟过程显示了数以百计的项目的累积。有些项目的规模近似于行政办公大楼项目，还有一些规模稍大，大部分规模要小得多。所有的项目大致上都遵循这些年以来逐渐显现的模式和诊断图。

当然，这些模式图和诊断图的使用不是用来替代俄勒冈大学的细节规划。正如我们一再强调的，我们将尽一切可能来避免形成对未来的规划图，这种规划图宣布：这就是在公元 2000 年学校应该形成的外观。

学校如何发展是无法预测的，因为发展过程所遵循的模式和诊断图需要不断做出改变，以适应新环境和新问题，以及不同的设计团队和不同的规划管理委员会。

为 2000 年校园环境的实景作出规划图，就像是在橡树萌芽期描绘出成熟橡树的形态及橡树枝杆的伸展、树杆的粗细、外形，这完全不可能。我们力所能及的事情是观察生长在相似环境中成熟的橡树。从对这些树的观察中我们可以获得对成熟橡树的感受，但这不是橡树最终的形态。下列草图显示了我们在俄勒冈大学所做的努力。

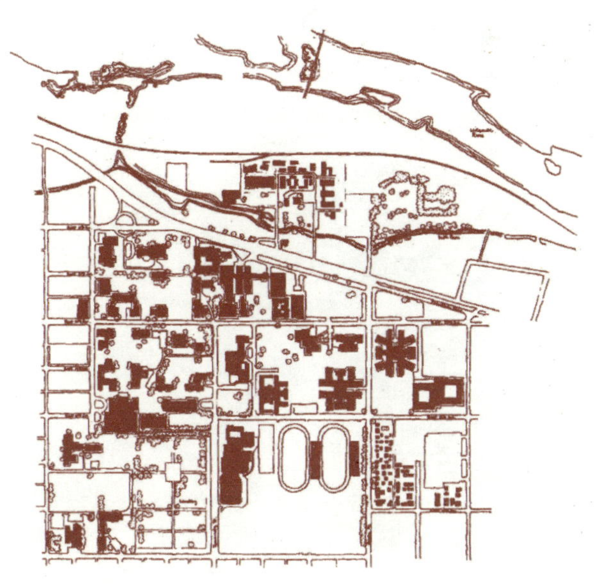

◀现有校园

（注：我们所展示的社区发展规模是基于学校规划和学院研究办公室的估计，草图显示每十年大约增加总共 800000ft^2 室内面积，这个数字来源于目前登记的数目，略有增加。）

20 世纪 70 年代的发展：这里我们设想弗兰克林大街朝向铁路发展，这样整个校园将形成局部交通区域。我们看到：第十三大街开始形成一条延伸到校园西南角的街道及西面的宿舍区的散步道；随着新项目的完工，户外空间开始逐渐完善起来；部分公寓改作研究室；在河边建立了一个学生社区；在校园的西北角为后勤人员修建了一个带商店的沿街修车厂；校园的停车场装配了停车计时器，规模减小，适用于临时停车。

20世纪70年代的发展图

20 世纪 80 年代的发展：这张图显示了 20 世纪 70 年

代发展的延续，第十三大街的发展进一步强调了其作为散步道的地位；学校道路系统得到加强；学校发展的方针延伸到市区；越来越多私人运营的商店和咖啡馆建到学校的街边；另一个河边的学生社区建成，同已建成的学生社区形成了一个足够大的邻里，并形成对小型学校的补充；新增的教室、办公楼及学生公寓项目使得更多的户外空间得到改善；校园东北角新建了一个带商店的停车场。

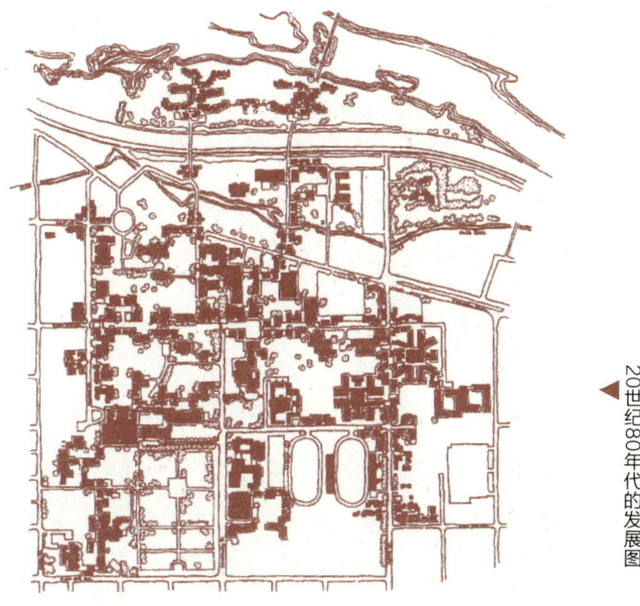

▲20世纪80年代的发展图

20 世纪 90 年代的发展：这张图显示了校园在 20 世纪末将更趋成熟。过街拱廊和自行车道基本形成了连续的系统；校园交通堵塞情况不再出现；新建了更多研究大楼、办公大楼及教室；在水渠边新建了第三个学生社区；第十三大街的散步道及学校的其他街道高度发展；有围护的户外小空间、入口通道及拱廊填补了许多开放空间。

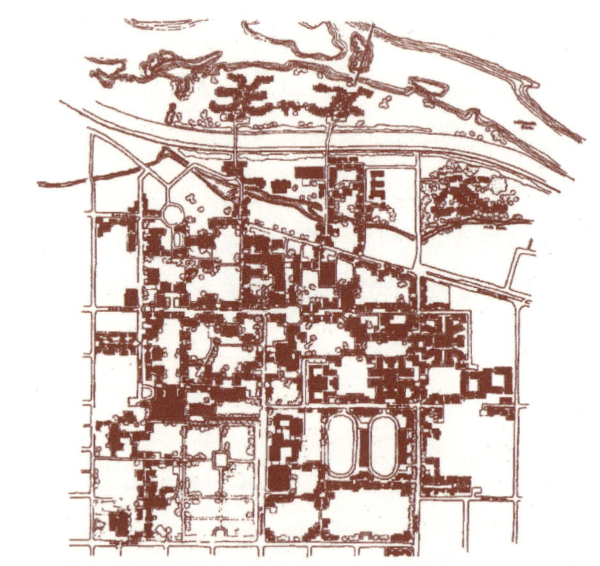

▶20世纪90年代的发展图

按照这 3 张草图的顺序，我们看到有机秩序是如何逐渐形成的。某些形态特征一再出现在学校中：通往绿地的校园街道，学校与市区相互渗透，有多个公共入口的两三层的小建筑，以及过街拱廊、分散的运动中心和非正式的集会场所。但是这些特征经常是以新的形式或者略有变化以后出现的。社区的每个角落都有自己的特色，每一块绿地和每一幢建筑都是独特的。变化无限，但是有序。这当然不是所谓的总体规划秩序：这里没有预先确立的发展模式；没有预先制定的建筑外形；各个部分都紧密关联。

最后为了充分澄清这个观点——过程本身导向了有机秩序，而不是一个固定的规划导向了有机秩序——我们来研究一下草图的局部，研究局部环境的改变如何影响环境细节的变化，以及这个变化的影响力如何扩散并影响到整个校园区域。

仔细查看这一章早些时候我们提出的范例——行政办公大楼项目。这个项目作为20世纪70年代建成的虚构项目之一，出现在第一张大的模拟图上，在其后30年中出现的建筑都将受到这个建筑的影响。

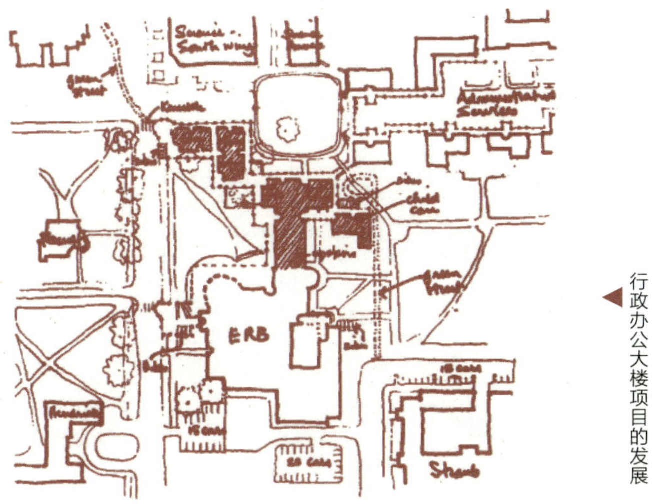

◀行政办公大楼项目的发展

行政大楼与扩建的学生会大楼在“行政大街”的入口处形成一个聚会场所，儿童看护中心和其中一幢办公楼的背面形成了一个庭院，所有的建筑确定了东区的一个大块绿地。一旦行政大楼确定下来，所有其后的项目都受到这个项目的影响，和它一起改善周边形成的空间。

但是假设行政大楼项目没有建成，学生会大楼、儿童看护中心及绿地将如何发展？当然它们的发展会完全不同。因为它们必须要适应一个完全不同的整体，这个整体中不包括行政大楼项目，诊断图也因此完全不同。

我们设想学生会大楼的修复和扩建项目早于行政大楼项目建成，在这种情况下，新的学生会大楼与现有学生会大楼西侧的潜在聚会场所的关系是自由的。学生会大楼项目将发展南北向的道路形成校园主干道，保留东西向道路不变。在没有行政大楼项目的情况下，学生会大楼的设计需要与特性截然不同的现存景观保持一致，由此其采用的外观也将截然不同。

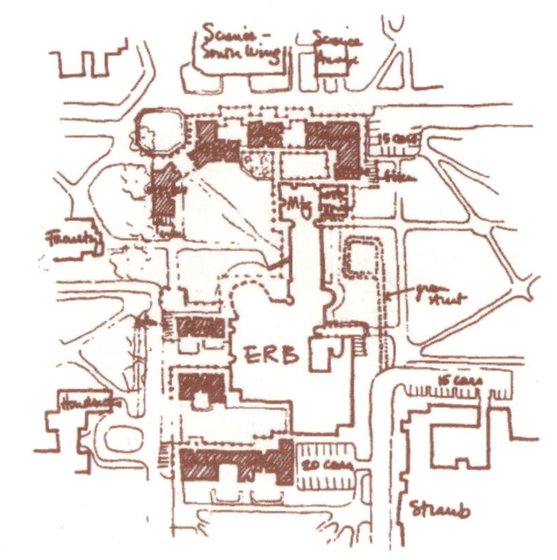

缺乏行政办公大楼项目的发展

一旦这个项目得到确立，其他的发展项目必须与之保持一致：继续发展校园主干道，保留东西向道路作为入口等。这个项目的影响力逐渐扩散，经过多年的营造后，这个简单的变化引导形成的局部环境将和我们在草图中所假设的区域形式细节完全不同，但是这同样是总体形态理论的产物。

我们的观点现在明确了。我们无法预测由数以百计的分片式设计行为相互协调所逐渐形成的有机秩序。这种秩序只会在一个对诊断、对自身的规划和设计负责的共享模式的社区中缓慢出现。

俄勒冈大学的有机规划在将来不会是一成不变的。如果是一个开放的有机的规划，它就应该是在社区自身的努力中逐渐成型的。

ACKNOWLEDGMENTS

本书得到了我们的朋友们的大力协助，我们感谢俄勒冈大学的同人在我们访问期间的帮助与支持：Clark 校长给予我们许多必要的支持，Al Urqhart、Dick Gale 及校园规划委员会的成员在成书的各个阶段给予了批评和建议。Ray Hawk 和 John Lallas 帮助我们协调校园现有方针与成书内容。第五章中讨论的诊断图形成于 Jack Hunderup 主持的批评对话。

音乐学院的 Trotter 院长、John McManus、Royce Salzman 和 Dick Benedum 与我们共同设计了第二章中的项目。Jerry Finrow 及他在建筑学院的许多学生为建立第四章的模式提供了帮助。

在中心的朋友们：Max、Ingrid、Meg、Mary Louise 和 Priscilla 在整个成书过程中给予我们支持和鼓励。丹麦访问学者 Ib Borring 在本项目的最初六个月和我们一起工作。他做了大量工作，尤其是在建立模式方面。我们感谢校园规划办公室的职员 Hal Napper 和 Banks Upshaw 的帮助，感谢新校园的规划设计师 Harry Van Oudenallen 在规划过程实施中的热情工作。

最后，我们要特别感谢校园规划设计师 Larry Bissett 和建筑学院院长 Bob Harris。他们影响了项目的整个过程。没有他们的支持、批评、建议和指导，我们的书根本不可能完成。

（译者注：张莉、李小波和未明参加了本书的翻译工作，特此致谢。）

向照片提供者致谢

我们为本书选用的许多照片来源于第二手或第三手资料。我们尽力确定这些照片的原拍摄者，并向他们表示诚挚的谢意。但是在某些情况下，资料来源非常不明确，我们无法确定照片原作者。因而我们非常遗憾不能一一致谢。如有冒犯之处，敬请见谅。

8 Jerry Finrow

18 David Sellers

19 David Morton

21 Martin Hurliman

34 Entwistle（下半页）

34 Phyllis Carr（上半页）

59 R. F. Magowan（上半页）

66 Eric de Mare

67 Ezra Stoller

68 Aerofilms Ltd.（上半页）

76 Martin Hurliman